Guangzhou Shi Yingji Bihu Changsuo
Guihua Jianshe Guanli Yanjiu

广州市应急避护场所规划建设管理研究

景国胜 编著

人民交通出版社股份有限公司
北京

内 容 提 要

本书系统介绍了广州市应急避护场所规划建设管理等方面的专业知识,全书共分为城市安全与应急避护场所、应急避护场所总体建设规划、应急避护场所详细设计指引、应急避护场所规划设计案例、应急避护场所实施保障机制、未来应急避护场所规划设计的再思考共 6 章。

本书主要供从事应急避护场所规划建设管理工作的专业人员使用,也可作为城市规划设计、应急避护、空间信息等相关领域从事科学研究和业务应用人员的参考书。

图书在版编目(CIP)数据

广州市应急避护场所规划建设管理研究 / 景国胜编著. — 北京:人民交通出版社股份有限公司, 2022.10
ISBN 978-7-114-18209-9

Ⅰ.①广… Ⅱ.①景… Ⅲ.①紧急避难—公共场所—建筑设计—研究—广州 Ⅳ.①TU984.199

中国版本图书馆 CIP 数据核字(2022)第 165209 号

审图号:粤 AS(2022)017 号

书　　名:广州市应急避护场所规划建设管理研究
著 作 者:景国胜
责任编辑:李　佳
责任校对:赵媛媛　龙　雪
责任印制:刘高彤
出版发行:人民交通出版社股份有限公司
地　　址:(100011)北京市朝阳区安定门外外馆斜街 3 号
网　　址:http://www.ccpcl.com.cn
销售电话:(010)59757973
总 经 销:人民交通出版社股份有限公司发行部
经　　销:各地新华书店
印　　刷:北京交通印务有限公司
开　　本:720×960　1/16
印　　张:11.25
字　　数:177 千
版　　次:2022 年 10 月　第 1 版
印　　次:2022 年 10 月　第 1 次印刷
书　　号:ISBN 978-7-114-18209-9
定　　价:80.00 元

(有印刷、装订质量问题的图书,由本公司负责调换)

编 写 组

主　　编：景国胜

副 主 编：马小毅　甘勇华　谢加红　刘　玮

参编人员：曹　辉　由梦童　方　舟　徐容容　金会来
　　　　　肖伟智　胡劲松　卞芸芸　宋　程　王其东

PREFACE | 前 言

随着全球气候异常变化,我国自然灾害风险进一步加剧,极端天气趋强趋重趋频,灾害的突发性和异常性愈发明显,对人民生命财产安全构成严重威胁。与此同时,城市化正在加速,城市规模日益扩张,城市人口不断积聚,城市灾害种类、发生次数、后果严重程度都将急剧增加,城市管理者不仅需要面对城市建设问题,还必须面临更加紧迫的灾害防御任务。应急避护场所是为民众躲避地震、火灾、山洪、台风等重大灾害而事先建设的安全场所,在城市防灾减灾中具有重要作用。

2010年7月1日施行的《广东省突发事件应对条例》中首次提出"应急避护场所"这个概念。2013年10月,广东省人民政府办公厅印发《广东省应急避护场所建设规划纲要(2013—2020年)》(粤府办〔2013〕44号),对全省应急避护场所建设工作进行部署。广州市积极落实相关工作,于2014年组织编制并颁布实施《广州市应急避护场所建设规划(2014—2020年)》(穗府办函〔2014〕164号),大力推进应急避护场所规划建设。广州市交通规划研究院有幸持续服务广州市应急避护场所规划建设管理工作,积累了丰富的技术和实践经验。本书是广州市交通规划研究院在应急避护场所规划设计研究邻域多年的工作成果总结,也是对当前城市应急避护场所规划建设管理发展方向的积极探索。

本书首先介绍了城市安全与应急避护场所的关系,然后分别阐述了应急避护场所的总体建设规划和详细设计指引的具体内容，并总结了应急避护场所规划建设经验，最后，提出了完善多元主体协调下应急避护场所实施机制的建议和未来规划设计的思考。本书内容完整，理论联系实际，能够为应急避护场所的总体规划、详细规划、规划实施和项目建设提供有效指引，为城市规划工作者和政府决策者提供有价值的参考。本书具有广泛的适用性，可作为城市规划设计、应急避护、空间信息等相关领域从事科学研究和业务应用人员的参考书。

新时代我国社会主要矛盾是人民日益增长的美好生活需要和不平衡不充分的发展之间的矛盾，无论什么困难都不能阻挡我们追求美好生活的前进步伐。在面对各种突发灾害时，我们不会束手无策，而是不断探索并持续优化应急避护场所规划建设管理，为新时代广州市民的美好生活保驾护航。

由于编者水平有限，本书难免存在一些问题和疏漏，恳请广大读者批评指正。

编著者

2021 年 12 月

CONTENTS 目 录

第1章　城市安全与应急避护场所 …………………………… 001
1.1　城市安全观下应急避护的缘起与发展 …………………… 002
1.2　国内外应急避难场所建设管理经验 ……………………… 007
1.3　城市应急避护场所规划建设管理的推动力 ……………… 029
1.4　广州市应急避护场所体系构建 …………………………… 031

第2章　应急避护场所总体建设规划 ………………………… 035
2.1　应急避护场所需求分析 …………………………………… 036
2.2　应急避护场所选址评估 …………………………………… 045
2.3　应急避护场所布局规划 …………………………………… 050
2.4　拥有多种交通方式的应急交通系统规划 ………………… 059
2.5　配套设施的生命线系统规划 ……………………………… 061
2.6　应急避护场所多重灾害适应性探讨 ……………………… 068

第3章　应急避护场所详细设计指引 ………………………… 071
3.1　详细设计的内容与原则 …………………………………… 072
3.2　场地设置与服务半径设计指引 …………………………… 073
3.3　疏散救援通道设计指引 …………………………………… 075

3.4　管理及配套基础设施设计指引 ·············· 076
　　3.5　标识系统设计指引 ·············· 082
　　3.6　场所标准平面及交通流线设计指引 ·············· 087

第4章　应急避护场所规划设计案例 ·············· 095

　　4.1　中心应急避护场所——以天河体育中心为例 ·············· 096
　　4.2　固定应急避护场所——以广州私立华联大学为例 ·············· 106
　　4.3　紧急应急避护场所——以新洲村德贤小学为例 ·············· 111
　　4.4　室内应急避护场所——以新塘街道凌塘小学为例 ·············· 114
　　4.5　典型示范地区灾时交通模拟及应急预案 ·············· 118

第5章　应急避护场所实施保障机制 ·············· 135

　　5.1　构建多元主体协调的实施保障机制 ·············· 136
　　5.2　多元主体协调下的分阶段管理应对机制 ·············· 138
　　5.3　多元主体协调下的管理信息化建设建议 ·············· 149
　　5.4　多元主体协调下的实施机制完善方向 ·············· 159

第6章　未来应急避护场所规划设计的再思考 ·············· 161

　　6.1　粤港澳大湾区背景下的应急避护要求 ·············· 162
　　6.2　应急避护场所规划的底线思维 ·············· 165
　　6.3　突发公共卫生事件的应对 ·············· 167

参考文献 ·············· 171

CHAPTER 1

第1章

城市安全与应急避护场所

我国是一个自然灾害和社会突发公共事件较多的国家。近年来,随着全球气候异常变化加剧,自然灾害、事故灾难、公共卫生等突发事件频繁发生,对人民生命财产安全构成了严重威胁。据不完全统计,全国有约三分之二以上的国土面积受到洪涝灾害的威胁;二十多个省会(自治区首府)城市和多个百万以上人口的大城市位于地震高危险区;东部以及南部沿海地区经常受到热带气旋和台风侵袭;绝大部分城市受到过病毒性传染病袭扰。在城市规模日益扩张,人口不断积聚的背景下,城市管理者不仅需要面对城市建设问题,还必须面临更加紧迫的城市安全问题,如防御各类灾害、减轻灾害后果等。综合来看,快速城市化的人口集聚可能会使灾害影响程度加剧,城市防灾减灾的形势更加严峻,城市应急管理将面临更大的挑战。

面对城市安全问题,城市应急避护场所的规划与建设越来越重要。应急避护场所是为民众躲避地震、火灾、台风、洪水等重大灾害而事先建设的安全场所。在场所中设有各类应急功能区,并储备相应的救援设施以及物资等,能够在灾时和灾后为受灾群众提供救治和安置服务,降低人民群众灾害损失。总而言之,应急避护场所是城市安全的重要保障,是城市安全建设的重要一环,是城市防灾减灾救灾的重要基础。

1.1 城市安全观下应急避护的缘起与发展

1.1.1 城市安全观

2013 年,中共十八届三中全会提出要健全公共安全体系,健全防灾减灾体制,保障城市安全,标志着我国防灾减灾救灾机制改革正式启动。2014 年,习近平总书记在主持召开中央国家安全委员会第一次会议时强调,坚持总体国家安全观,走出一条中国特色国家安全道路❶。2015 年,中共十八届五中全会明确"十

---

❶ 引用自《人民日报》(2014 年 04 月 16 日 01 版)。

三五"时期城市公共安全应急体系的发展,应遵从树立正确的城市安全观和安全发展观的基本理念。2017年,中共十九大报告中提出健全公共安全体系,完善安全生产责任制,坚决遏制重特大安全事故,提升防灾减灾救灾能力。

城市安全观是总体国家安全观在一个城市安全问题中的理论延伸和具体应用。城市安全观的落实不能止步于在经济、文化、社会活动中建立安全发展理念,还要为城市发展可能面临的各种灾害提供实际的安全保障措施。因此,应急避护理念和应急避护场所的建设应运而生,后者是城市安全实际保障的重要一环。

1.1.2 国家层面顶层设计不断完善

我国突发事件应对工作和应急法治建设不断完善。早在2003年,《城市抗震防灾规划管理规定》(建设部117号令)便提出,城市防灾规划是城市总体规划编制中的一项专业规划。2007年8月30日,中华人民共和国第十届全国人民代表大会常务委员会第二十九次会议通过《中华人民共和国突发事件应对法》,自2007年11月1日起施行。它是新中国第一部应对各类突发事件的综合性法律,规范了突发事件的预防与应急准备、监测与预警、应急处置与救援、事后恢复与重建等应对活动。这部法律的公布实施,标志着我国突发事件应对工作全面迈入制度化、规范化、法制化的轨道。随着2007年《城市抗震防灾规划标准》(GB 50413—2007)的颁布以及2008年"5·12"汶川地震的发生,城市防灾减灾规划和法治建设在我国受到了空前的关注,不仅在城市总体规划中更受重视,其部分专业化的内容也与城市总体规划分离,成为在城市总体规划指导下单独编制的专项规划。2017年1月13日,国务院办公厅印发了《国家综合防灾减灾规划(2016—2020年)》。规划的颁布对于提高全社会应对突发事件的能力,预防和减少突发事件的发生,及时有效地控制、减轻和消除突发事件引起的严重社会危害,保护人民生命财产安全,维护国家安全、公共安全和环境安全,构建社会主义和谐社会,都具有重要意义。

1.1.3 广东省的部署要求

广东省地处中国大陆最南端,濒临南海,毗邻港澳,是我国改革开放的先行地。全省土地面积17.97万平方千米。根据第七次全国人口普查结果，广东省常住人口为1.26亿。改革开放后，广东省成为改革开放前沿阵地和引进西方经济、文化、科技的窗口，取得了骄人的成绩。自1989年起，广东省地区生产总值连续33年位居全国第一位，是中国第一经济大省。

由于广东省地处南方沿海区域，属于"典型气候脆弱区"，所遭受的自然灾害及其衍生、次生灾害具有强大的突发性、复杂性和危害性。为进一步提升广东省应急避护场所建设水平，切实增强综合防灾减灾能力，最大程度保障人民群众生命财产安全，广东省人民政府于2013年10月正式印发了《广东省应急避护场所建设规划纲要（2013—2020年）》。该纲要在全国首次明确"应急避护场所"体系，并明确指出了应急避护场所的体系构成、规划标准和建设要求，为广东省应急避护场所的规划建设提供指导。

1.1.4 广州市的整体谋划

广州作为国家中心城市，是我国重要的门户，也是"珠三角""泛珠三角"和"中国与东盟地区"三个尺度经济辐射圈的核心城市，未来将逐步建成现代化国际大都市和重要国际经济、金融、贸易、航运中心，在军事上也有举足轻重的地位，因此确保城市安全至关重要。

广州市2021年常住人口达到1881.06万，中心城区人口密度较高，灾害发生时疏散难度加大，引发次生灾害的风险也大。根据不同突发事件的特征，可将广州可能发生的突发事件分为自然灾害、事故灾难、公共卫生事件和社会安全事件四大类。广州的直接灾害种类多、破坏性大、影响范围广，易引发火灾、水灾、有害物质毒素扩散等次生灾害。随着城市人口和经济总体规模不断上升，人流、物流、信息流愈加频繁，人为因素致灾、成灾频率将不断上升，由此诱发的安全影响也会更广泛，可能会出现一批新的安全隐患和致灾源，应急避护场所规划建设的迫切性逐渐凸显。因此，广州需对全市应急避护场所进行全盘谋划。

2014年广州市人民政府在《广东省应急避护场所建设规划纲要（2013—2020年）》的指导下，率先组织编制完成《广州市应急避护场所建设规划

(2014—2020年)》,对全市域7434.4平方千米共11个行政区的应急避护场所进行全盘谋划:布局中心(区域性)应急避护场所22处,可容纳135.5万人;布局固定应急避护场所367处,可容纳610.6万人;布局室内应急避护场所326处,可容纳212.7万人;各类应急避护场所的服务覆盖率达到100%。同时形成了由22条区域性应急避护道路、22处应急停机坪和10处主要应急码头共同组成的应急交通体系。完善的配套体系和等级分明的生命线系统设施,使广州市预防和抵御突发公共事件的综合水平达到全国一流水准。

2015年底,广州市应急避护场所规划建设管理进入了建设实施阶段,广州市住建委正式启动《广州市应急避护场所设施建设实施方案》(穗府办函〔2016〕93号),并会同市应急办制定《广州市应急避护场所建设指引》,明确应急避护场所建设的标准和要求,加强全市应急避护场所建设的组织领导、研究部署、组织协调、督促检查等工作。

经过2015—2017年三年的分期建设,截至2017年10月,广州市现状应急避护场所共有923处,场所类型主要包括学校、绿地、体育设施、广场等,总用地面积约1123.48公顷。广州市应急办、广州市住建委预见性地提出了要保证应急避护场所快速、有序地安置居民以安定民心,仅依靠建设应急避护场所是远远不够的,还须建立起一套统一、科学、规范的场所运行管理制度和措施。于是,2017年广州市住建委牵头组织编制并印发了《广州市应急避护场所管理手册》,进一步提升了应急避护场所建设和管理水平,进一步规范了应急避护场所日常管理、运行管理和善后管理的工作内容和要求,达到了快速、妥善安置灾民,提高公众应急避险能力,增强综合防灾能力,提升政府应急管理水平以及最大限度保障人民群众生命财产安全的要求。

先后颁布实施的《广州市应急避护场所建设规划(2014—2020年)》《广州市应急避护场所设施建设实施方案》《广州市应急避护场所建设指引》《广州市应急避护场所管理手册》等系列文件,体现出广州市对城市应急避护场所的高度重视。2020年底,广州市已高标准、高质量地完成全市的建设计划,并形成科学的管理准则,未来可作为国内其他城市推动城市应急避护场所规划、建设、管理的重要案例和参考借鉴。

1.1.5 基本概念的界定

1) 应急避难场所

国内外相关的理论研究和法规中与应急避护场所词义相近的词很多，如应急避难场所、防灾避难场所、防灾公园、防灾绿地、避难据点、防灾据点等。

《日本地方政府避难设施设计规范》中提出地震避难用地是在发生强烈地震后能够收容周边地区避难者临时或较长时间集中暂避灾难，避免震后火灾、海啸袭击，确保避难者生命安全，拥有一定必要面积的公园和绿地等开放空间。

在国内，《防灾避难场所设计规范》（GB 51143—2015）中提出了防灾避难场所的概念，指配置应急保障基础设施、应急辅助设施及应急保障设备和物资，用于因灾害产生的避难人员生活保障及集中救援的避难场地或避难建筑；《地震应急避难场所 场址及配套设施》（GB 21734—2008）中地震应急避难场所指为应对地震等突发事件，经规划、建设，具有应急避难生活服务设施，可供居民紧急疏散、临时生活的安全场所；《城市抗震防灾规划标准》（GB 50413—2007）中应急避难场所定义为用作地震时受灾人员疏散的场地和建筑，可划分为紧急应急避难场所、固定应急避难场所、中心应急避难场所三种类型。

2) 应急避护场所

《防灾避难场所设计规范》（GB 51143—2015）给出的防灾避难场所的定义最符合当前国际上对应急避难场所的认知，在《中共中央国务院关于进一步加强城市规划建设管理工作的若干意见》和《国务院关于深入推进新型城镇化建设的若干意见》（国发〔2016〕8号）里也采用了防灾避难场所这一概念。

《广东省应急避护场所建设规划纲要（2013—2020年）》在全国范围内首次提出应急避护场所这个概念。《广州市应急避护场所建设规划（2014—2020年）》沿用了《广东省应急避护场所建设规划纲要（2013—2020年）》所提出的应急避护场所这一概念，并对这一概念进行了明确阐述：应急避护场所应在能够应对地震这一难以预测、危害性强、影响空间范围广的突发事件的基础上，满足洪涝、风暴潮、地质灾害等广州市面临的主要自然灾害和火灾等事故灾难的应急避护需求。

《广东省应急避护场所建设规划纲要(2013—2020年)》由当时的广东省住房和城乡建设厅会同广东省人民政府应急管理办公室组织编制,并由广东省政府办公厅以粤府办〔2013〕44号文予以印发实施。该规划纲要颁布实施后,广东省内包括广州市、东莞市、汕头市、韶关市、河源市、梅州市、惠州市、汕尾市、中山市、江门市、阳江市、茂名市、肇庆市、潮州市、云浮市等在内的15个城市沿用"应急避护场所"这一称谓,深圳市、珠海市、佛山市、湛江市、清远市、揭阳市6个城市采用的是"应急避难场所"这一称谓,在广东省内各地市层面并未形成统一的称谓。

由于省内各地区经济发展水平、城市地质环境、可能发生的突发事件情况不尽相同,目前对应急避护场所并未有统一、明确的标准定义。根据《广东省应急避护场所建设规划纲要(2013—2020年)》对应急避护场所体系与标准的阐述,结合东京、北京、上海、重庆、广州等城市对应急避难(护)场所的规划研究,本书作者经过资料收集、整理和思考,沿用应急避护场所这一说法,并将其定义为:经过统一规划建设,配置应急生命保障基础设施、应急辅助设施及应急保障设备和物资,用于在突发事件预警信息发布或突发事件发生后,城镇居民防灾避险、临时安置、集中救援的避护场地。本书中涉及广州市范围内的应急避难(护)场所均采用应急避护场所称谓,其他地区沿用其原本的称谓。

1.2　国内外应急避难场所建设管理经验

1.2.1　日本建设管理经验

纵观国外应急避难场所规划建设管理情况,日本走在世界的前列。故本书以日本为例,介绍国外应急避难场所规划建设管理的经验。

1.2.1.1　日本应急避难场所规划

日本是一个地震多发国家,是应急避难场所建设、运行水平较高的国家之一。它既有国家层面的防灾基本计划,也有各个具体职能部门依据其制定的防灾业务计划,还有地方政府制定的都道府县防灾计划以及市町村制定的防灾计划等,形成了从中央到地方一体化防灾应急预案。

日本自然灾害频繁发生带来的生命和财产损失规模较大,频繁的自然灾害在客观上促进了日本对自然灾害及灾害后续问题的研究。日本人口密度较大的城市都制定了相应的防灾规划。日本大城市的防灾规划重点首先在于避难场所的规划,尽量将灾害及次生灾害造成的影响降到最低;其次,注重防灾生活圈、避难通道等相关规划的制定与探讨;最后,日本还注重灾民心理及行为学的研究,并将研究成果应用到避难场所的空间安排中。

日本建造了大量功能完备的避难场所,将公园、广场和指定的空地等作为室外避难场所,体育馆、幼儿园、文化中心、小学和中学等作为室内避难场所。避难所并非随意划定的一个地方,而是日本政府联合红十字会一起运营、管理,储备有大量防灾物资的场所。以公园为例,不同种类的公园都有其对应的布局原则和功能,具体信息详见表1-1。

日本各级防灾公园分级、原则与功能　　　　表1-1

种　类	公园类型	规　模	布局原则	功　能
广域防灾据点	广域公园、城市基干公园	面积50公顷以上	50万~150万人1个	发生了大地震和次生火灾后,主要用于广域的恢复、重建活动的基地
广域避难场所	城市基干公园	面积10公顷以上	服务半径2千米	发生了大地震和次生火灾后,用于广域避难场地,而且依据灾害的状况、防灾设施的配置,有时也起到广域防灾据点的作用
紧急应急避难场所	地区公园、近邻公园	面积1公顷以上	服务半径0.5千米	大地震和火灾发生时,主要作为暂时的紧急避难场所或中转站
邻近避难点	街区公园	面积0.05公顷以上	—	作为居民附近的防灾活动地点
避难通道	绿道	长度10米以上		通往广域避难场地或其他安全场所避难的通道

续上表

种　类	公园类型	规　模	布局原则	功　能
缓冲绿地	—	—	—	阻隔石油联合企业所在地等危险源与一般城区的缓冲区,以防止灾害扩散为主要目标

注:资料来源于三船康道、日本国土厅整备局。

1) 日本避难场所的设置步骤和依据

日本各城市防灾计划中对避难场所的设置步骤分为两步,首先对城市既有空间资源进行调查和研究,再进行避难场所的强化与改造,使其能达到避难、耐震、防火与物资储藏的标准。而何种场所能够成为避难场所,基本上是通过灾后经验总结与行为学研究这两种方式来决定的。

(1) 灾后经验总结

通过建立完整的灾害信息回馈系统,日本得以进行整体的灾害过程记录与研究,归纳出不同场所在灾难发生时及灾后所承担的不同避护功能,再据此对避难场所体系进行调整。例如防灾公园体系就是总结了关东大地震的经验,并将大型公园纳入避难场所体系后的结果。

防灾生活圈与避护通道,也是通过对灾害经验的研究而逐渐制定规划范围与标准而形成的。将由具有防止火灾延烧功能的避难通道所围成的街区划定为防灾生活圈,再对防灾生活圈内有可能作为避难场所的地点进行等级划分与改造,以满足避难生活圈内人员在不同时段的各种避难需求。

(2) 灾害行为学的研究

针对灾害发生时,人的行为的不可预测性和趋同性可能造成的混乱情况,日本通过大量灾害行为学的研究,归纳出不同灾害中不同人群的行为特征,根据行为特征对避难场所进行规划与设计,并制定有针对性的防灾计划。

2) 日本避难场所的等级分类

在日本的防灾体系中,主要依据防灾机制在各阶段的运作需求对避难场所进行等级的划分,在类别上可以分为紧急收容和长期收容两大类别,在等级上可以分为临时集合场所、广域避难场所、避难所三个等级。详细介绍如下：

第一级：临时集合场所，指当灾民无法在第一时间进入广域避难场所时，就近提供灾民临时停留、等待救援的避难空间，并作为第二阶段避难行动前的集合场所。此类避难场所通常面积较小且分散于城市各生活区域之间，多选用邻近住宅区、商业区、办公区的安全、空旷、低建筑密度的公共场所。

第二级：广域避难场所，主要是作为第二阶段避难行动的集中场所，以确保避难者生命、提供有效的人员活动与安全停留空间为主要目的。其特别强调需要具有防御火灾延烧及其他灾害的能力，主要以城市内大面积的公园、绿地为主。

第三级：避难所，指提供给因灾难导致房屋倒塌、烧毁而无处居住的民众，用于较长时间停留的场所。此类场所主要以学校、会所等具有一定结构强度的公共建筑为主。

3) 日本避难场所的设置要求

日本避难场所设置的要求依各城市的特性而因地制宜地确定，在标准上有一定的差异，但是必须保证灾民的基本活动面积、防火能力、维生条件等要求。以东京和名古屋为例，东京因为地价高等客观因素，对避难场所的要求要低于名古屋。

日本政府通过对灾害经验与避难行为的研究，制定了两个主要的发展策略：一是建构以防灾生活圈为核心的体系。通过进行城市潜在灾害的调查研究，在各区划定不同规模与等级的防灾生活圈，并以各防灾生活圈为防灾单元设置对应等级的应急避难场所，具体情况见表1-2。二是注重避难行为的研究，强化避难场所的行为引导。

防灾生活圈体系下各层级防灾应急措施　　　　　表1-2

等级/类别		居住小区	街区等级	城乡等级	防灾生活圈等级
		50～300平方米	0.5～1公顷	10～20公顷	60～80公顷
硬件部分	住宅	确保建筑物不燃化、难燃化、耐震化	a.确保整体街区建筑物不燃化；b.确保钢结构公寓、公司、宿舍、工厂、公寓内中庭的建设不燃化	a.改造商店街，确保其整体不燃化；b.摩托车、自行车停车场与公共设施不燃化；c.设置诊疗所	a.提升避难通路沿线的防火与耐震能力；b.提升防灾活动据点周边的防火能力

续上表

等级/类别		居住小区 50~300平方米	街区等级 0.5~1公顷	城乡等级 10~20公顷	防灾生活圈等级 60~80公顷
硬件部分	道路	a.改造街道;b.确保防灾通路的安全性与功能性;c.确保双向避难行为的安全性	a.改造街区道路;b.重整狭窄道路;c.确保街边围墙的安全性;d.将电线杆向后移或进行地下化改造	a.改造地区道路;b.去除防灾道路中的交通障碍(如道路分隔带等);c.制定避难过程中防范坠落物的各类对策;d.社区道路的管制	a.重整联外主要避难通路;b.改造延烧遮断带
	设施	—	—	a.各小区设置标志与告示板;b.设置集会场所	a.建设防灾中心;b.改造地域地标(设置明显地标);c.确保公共设施能对外开放
	广场	—	a.建设小型防灾广场;b.每街区建设可供避难的儿童游戏场(100~300平方米)	a.建设防灾广场;b.达到每个邻里单元均设有广场目标;c.建设儿童公园与紧急集合场所(300~1000平方米)	a.改造或建设防灾活动据点;b.利用小学场地,建设大规模防灾广场(约3000平方米);c.将邻近公园、地区公园改造为防灾公园
	绿化	庭园树木与紧急灭火用水井的维持	建设街道防火绿篱	a.整理或改造地区绿道;b.维持水岸环境,并确保能供给灭火	a.设置大规模城市绿带;b.种植街道树;c.加强公共设施与事业所周边的绿化管理,确保其防火能力
	防灾设施	要求每户配备灭火器、水桶、防灾袋等防灾用具	要求街道配备消防栓、灭火器、防火用水,并设置消防水槽(容量1~5立方米)	a.设置消防水槽(容量40立方米);b.设置机动的供水泵、大型消防器具与防灾机具的放置场地;c.设置灭火设备标识与告示	a.设置消防水槽(容量100立方米);b.设置机动的供水泵;c.设置卫生物资储备仓库;d.设置相关的信息投放装置

续上表

等级/类别		居住小区 50~300平方米	街区等级 0.5~1公顷	城乡等级 10~20公顷	防灾生活圈等级 60~80公顷
软件部分	组织	家庭为单位参加会议	以街区为单位进行会议	a.建立防灾市民组织与民间义务消防队；b.进行防灾训练、举办防灾宣传活动以及防灾设备使用技巧解说	a.建立防灾生活圈协议会；b.建立政府人员派遣辅导制度
	管理规则	每户自行进行危险物安全管理与防灾一般知识的学习	街区的共同公约（由街区所有人共同参与提案）	a.制定防灾活动计划；b.制定防灾活动协定（属于机关单位）	a.制定防灾造镇计划，建立防灾履历、防灾地图，负责防灾新闻的发布；b.制定防火活动协定

注：参照东京都都市计划局《防灾生活圈事业计划调查报告书》（东京都政府，1988）进行整理。参考彭锐和刘皆谊所著《日本避护场所规划及其启示》一文（2009年发表于《新建筑》第2期）。

4) 典型应急避难场所案例

(1) 东京都市区防灾规划

①防灾规划的基本思想方针。

防灾避灾的实现是基于自助和互助两个理念，充分发挥行政力量和个人的作用，共同促进防灾都市的建设。对单个建筑物的抗震性、耐火性的提高应由市民和房屋拥有者自行完成。政府行政部门应从以下三个方面进行考虑：

a. 建设燃烧阻隔带，并确保道路紧急运输功能。

地震时，大规模的市区火灾导致城市功能下降，避难、救援难度加大。为了灭火行动和复兴重建活动的需要，在城市宏观层面上，将城市根据防灾要求划分成许多个防灾分区是非常有必要的。主要思路是以主干防灾轴为主，通过建设街区周围的燃烧阻隔带（提高建筑物耐火性、耐震性及提高绿化率等），确保紧急运输道路的功能，使得救援工作顺利进行，同时也确保了相邻防灾分区之间不会互相干扰。

b. 安全街区的建设。

为了建设安全街区，应该在进行土地利用规划等规划时对基础设施、防灾活动据点等作出相应的安排,同时提高街区燃烧阻隔带上建筑物的抗震性和耐火性,最终将市区划分为数个防灾生活圈。防灾生活圈之间确保火势等灾害不会蔓延,同时在生活圈之间的避难道路也能保证畅通。

c. 确保避难场所的建设。

为了在发生大规模的市区火灾时保护市民的安全,除了确保避难场所的建设之外,在保证安全性的前提下,增加灾时可驻留区域(Stay-in Area)。因此,应通过边沿建筑不燃化等措施,形成安全街区,加上作为避护场所的公园和开敞绿地有计划建设,确保在震灾和火灾时市民的安全。

②避难场所的建设目标。

东京都市区的避难场所是为在地震火灾中保护居民的生命安全。《东京都市区防灾规划》于2013年5月修改,规划避护场所有197处。其中,避难道路是震灾时为不得不到远距离避难场所避难的居民而指定的道路。该规划划定多个耐火分区,万一火灾发生,在该地区内也不会有大规模的火势蔓延,作为无须大规模避护的区域,到2013年5月为止,已划定了34处,总面积约为100平方千米。

在2010年修编的东京《防灾都市规划》中,对避护场所定了两个定量目标:到2015年,所有避难场所的有效面积(1平方米/人)均满足要求;所有地方的避难距离都少于3千米。

③避难场所的建设措施。

防灾的规划愿景是"不用逃跑的城市"。对于没有扩大和蔓延趋势的火灾,人们没有必要逃到避难场所。因此应在街区内划定适当的可驻留场所。

主要举措有三个方面:对作为避难场所的大规模公园进行扩充和整修;加强街区间的合作,推进重点修建地区的避难场所周边的建筑改造,确保避难场所的有效面积;对作为避难场所的公共建筑物进行耐震化改造,确保市民避难时的安全。

(2)札幌市避难场所规划

在《札幌市避难场所规划》中,对避难场所的分类、概念及选择标准都做出了详尽的规定,在等级体系上与日本的国家体系基本一致,但是又略有区别:避难场所为临时避难场所、广域避难场所、收容避难场所及福祉避难场所共4个级别。其中,收容避难场所又有骨干避难所和地区避难所之分(表1-3)。

避难场所的分类选择标准　　　　　表1-3

名称		特点	选择标准	其他配套要求
临时避难场所		在灾害发生时,地区居民暂时集合的场所,或者暂时躲避灾害、能确保自身安全的地方,如公园和市立中小学操场等	a.《都市公园法》中指定的市内公园(广域避难场所指定的公园等地除外),市立中小学的操场;b.能在灾时提供必要的物质,100平方米以上的场所	室内空间大于700平方米;确保有15平方米以上的储备空间;为有特殊需要的避难者提供独立的空间和必要设备;有厨房设备;有供乘坐轮椅者使用的斜坡和厕所;能确保应急供水;做了抗震加固的房屋;非结构物耐震;主要结构耐火;地基对浸水有一定的耐受力;原则上,步行距离应小于2千米
广域避难场所		大规模火灾发生时,确保烟和火焰不会对人造成伤害的场所,如大面积的公园和操场等	广域避难场所需同时满足下列条件,并由市长认可:a.面积在20公顷以上,并满足安全后退距离,能与火焰(可燃建筑物)保持约300米的安全距离;b.与所有居民住宅直线距离不超过1.9千米,步行距离不超过2.7千米,大约1小时以内可以到达	
收容避难场所		在灾害导致住宅被破坏或者无法居住的情况下,能保证居民安全,并能为其提供基本生活条件的场所。以步行距离2千米计算,应覆盖所有地区		
	骨干避难所	收容绝大部分避难者的避难场所。应有计划地储备基本维生物资,如市立中小学等	a.市立中小学(体育馆和校舍1楼64平方米以上的房间);b.各区的体育馆;c.条件合适,由市长认可的地方	
	地区避难场所	只是暂时为避难者提供设施,一段时间后,避难者都会整合到骨干避护所中	地区避难场所需同时满足下列条件,并由区长认可:a.有100平方米以上的室内空间;b.有能够提供伙食的设备;c.地区避护所的管理者具有相应的资质	
福祉避难场所		在灾害发生时,为需要特别关怀的避难者提供的避难场所。福祉避难场所应该为特殊避护者提供必要的、特别的生活条件。另外,福祉避难所应该在灾前就与其他地方协定好,并在灾后指定	灾时能为需要特殊关怀的避难者提供特别的设施,并获得市长认可的地方	

注:表中内容根据札幌市避难场所基本计划自行整理。

1.2.1.2 日本应急避难场所建设管理

1995年日本阪神地震后,在总结应急避难场所运行经验的基础上,各都道府县(日本行政区划,相当于中国省级)政府均制定了应急避难场所的运行指南(相当于操作手册或地方标准)并进行了多次修订。市、町(街)层面也制定了相关指南。

日本各级应急避难场所的运行指南的内容主要包括场所运行的基本指南和具体运行指南[包括初始期(灾害发生当天)、展开期(灾害发生第二天至一个星期)、安定期(灾害发生一周后至三周后)和撤收期(社会基本恢复)共四个阶段]。

日本对于地震的预防与应对具有"多化性",如监测预警系统化、抗震教育基础化、自主互助自觉化、保险基金常态化、抗震救灾法制化等。

1)应急避难场所运作与管理的主体

应急避难场所运行与管理涉及的主要对象有设施管理者、避难者、避难所运作委员会、区域居民、志愿者和其他有关机构。

(1)设施管理者

①管理负责人任命。

通常在区市町村内部选出职员担任避难场所的管理责任人。单人无法满足工作需求时,需要设置两名或以上管理负责人。在未任命管理负责人的情况下,需要制定由自治会、街道等分担避难所工作的相应对策。

②基本职责。

负责人除了灾时负责总管各部门小组以及避难所的安全管理外,平常时候需要对建筑和储备物资等进行管理和检查。

(2)避难者

为确保避难场所顺利运行,避难场所内的避难行动和避难生活以"自助应对"为主,避难者要遵守避难场所规则,互相帮助,参与到避难场所的运作中。

避难者应提高防灾避难意识,基于灾害类型确认避难路线、避难场所,同时确认灾时与家庭成员的联络方式;积极参加社区的避难、防灾演习演练;灾时尽量携带最低限度的饮料、食品等储备品;为了收集避难信息、气象信息,需要准备收音机；与邻居一起集体避难等。

(3) 避难所运作委员会

避难所运作委员会由灾害地区组成员、市町村避难场所负责人、设施管理人员、自主防灾组织等区域居民代表组成。平时和灾时进行各种与避难场所运作有关的活动。

(4) 居民

居民作为支援避难场所运作的基础，主动参与避难所为据点的支援对策。

(5) 灾害志愿者

灾害志愿者作为支援避难场所的运作重要力量，积极进行志愿服务活动，遵守设施的使用规则。

(6) 其他有关机构

其他有关机构与市町村、避难场所运作委员会等联合，实施对避难者救援的协助与支援。

2) 应急避难场所运行组织

由于避难场所的特殊性，必须提前规定管理负责者及设施管理者的工作。

为了在灾难发生后可以迅速地进行避难所的运作，从开设之初即需要对场所进行必要的建设和准备工作。

3) 应急避难场所具体管理指南

主要内容为灾害弱势群体管理、人员管理、治安管理、健康管理、环境卫生管理、信息管理、宠物管理、食品与饮用水管理。具体应对措施如下：

(1) 避难场所开放

避难场所的开放与否，原则上由市町村负责人根据灾害发生情况和避难场所的安全情况进行判断和决策。

(2) 避难场所的开放时间

根据《灾害救助法》中的规定，一般开放时间为 7 天。需要延长避难场所开放时间时，应根据应急避难的实际需求进行延期。

(3) 避难场所的担当职员的配备与作用

避难场所的担当职员的配备与作用，详见表 1-4。

主要管理部门构成及主要工作内容　　　　　　　　表1-4

部门小组种类	主要工作内容
总务班	协助管理负责者,同时总管各部门小组; 进行避难所的安全确认,为避难所的开设做准备; 举办避难所的组织会议; 编制避难所的记录
情报班	将避难所开设的时间、地点向灾害对策总部报告; 汇总"避难者卡",汇编避难者名单和灾害时要援护者名单数据,向灾害对策本部报告避难者数等; 以避难者名单为基础,制作记载避难者姓名、住所(地区名等)等的"避难者一览",发布避难入口的公告; 设置接待外来者的窗口; 设置与外部支援组织的联络窗口
保健卫生班	灾害发生时需要援护者相关的医疗救护班及保健活动班等联系调整; 根据需要安排家庭帮手、社会福利设施等的紧急入驻,以及联络医院搬运伤员; 定期进行厕所打扫、通风等清洁准备工作,负责避难所的卫生管理
物资班	对储备物资的库存进行确认,掌握物资数量;提供关于物资的咨询接待;根据物质需求向灾害对策总部提出需求,并承担物资保管职能
咨询班	了解避难者的需要; 收集"避难者卡"、收集及传达情报班的信息
灾害时期 避难者对策班	为避难者提供咨询和信息窗口; 协调和保障各组的信息传递、交接
防范班	负责避难所的巡逻,特别保护妇女和儿童的安全; 确保照明的配置能提高能见度及视觉可识别性
自卫消防班	承担通信联络、内部消防安全、避难引导等工作
其他	根据场所的实际情况,进行必要的部门编制

(4)避难者避难场所的信息管理

灾害发生后,针对灾害影响迅速收集和匹配需要使用的避难场所。根据灾害发生的影响程度和受灾情况的变化及时收集相关信息,保障灾害应对与避难场所之间的信息传达和信息更新,评估避难者数量和信息,预判避难者所需避难场所的需求并做好相应准备。

(5)保护灾害弱势群体

重点关照灾害弱势群体。直接或依赖民生委员组织防灾,对避难场所和在家的灾害弱势群体进行受灾情况摸查;直接或间接通过政府部门的介绍,及时配置弱势群体的福利设施,确保运作避难场所时需要的人力资源、福利用具等;困难群体因需要上厕所、接收水、领取食物等而需他人帮忙时,应及时组织红十字会等志愿者进行协助。

(6)提供水、食物、生活物资

灾后基本上用居民、都道府县、市町村的储备来应对。市町村灾害对策本部要尽早与都道府县、有关机构合作,筹集和提供必要的物资。灾害发生后立即为弱势群体发放对应的生活物资。不管在不在避难场所,物资要无区别地提供给需要的灾民。可能的情况下,尽量提供有营养、可口的食物。

(7)提供生活场所

避难场所应维护最低限度的居住环境,配备调温设施、洗衣设备等,并应保护避难者隐私。

(8)确保健康

灾害发生后,除了迅速设置救护所以外,还应根据情况派遣巡回救护班。初期的紧急医疗告一段落后,迅速开展急性应激障碍(ASD)、创伤后应激障碍(PTSD)等心理疾病的治疗。与都道府县联合提供健康咨询、营养咨询等医疗保健服务。

(9)提供卫生环境

迅速提供卫生环境,为避难者提供卫生的厕所、垃圾处理设施、洗澡设施环境,做好预防传染病防护等卫生方面的准备和管理。

(10)宣传、听证与咨询

开放避难场所时,避难场所主体方应与自主防灾组织等联合进行有关避难引导、开放避难场所的宣传活动。避难场所作为培训基地和信息据点为周边市民组织宣传、听证、咨询活动。并注重与外国人、听力障碍者的沟通。

(11)接纳志愿者

市町村灾害对策本部要尽快设置接纳灾害志愿者专用窗口,支援志愿者团体、市町村社会福利协议会等的活动。

(12)区域的防灾据点功能

作为区域防灾据点的避难场所,要对所有生活上有困难的灾民(包括在家受灾者)提供公平的服务。

(13) 应对回家困难者

对于回家困难者,原则上由其出行目的地的机构负责接送。特殊情况时,由避难场所负责接送回家困难者。

(14) 女性视角下的避难场所运作

设置女性专用的晒台、更衣室、哺乳室等,由女性发放女性用的内衣,确保女性在避难场所的安全;应在关怀女性、有幼儿的家庭的需求基础上,运营避难场所;在避难场所内兼顾女性的使用需求,如做饭等,应由成员共同协作完成;利用女性平时培育的区域社会网络、邻里关系网等确认受灾者的平安;促进男女共同担任避难场所运营委员会的委员。

(15) 避难场所的合并与关闭

提前通知避难场所的合并与关闭时间,促进避难者的自立。避难场所内的过密状况消除后,要推行各区域避难场所的合并与关闭。对于避难者的个别情况,要与其商量并提供支援。

4) 日常管理

避难场所日常管理目标为确保持续满足避难场所规划设计的防灾功能要求。突发事件一旦发生,即可启用防灾设施,为避难人员提供安全的避难服务。

日本避难场所灾前对策主要包括以下几个方面:

(1) 指定避难场所、避难路线

为了灾害时安全到达避难场所,平时应确定避难场所以及避难路线。市町村应考虑人口分布,并听取居民与社区的意见,根据灾害种类选定避难场所与避难路线,并告知居民。居民应熟悉了解市町村指定的避难场所、避难路线,要确认从自己家到避难场所的避难路线,根据灾害种类进行避难场所的选定等。

(2) 设定避难场所的开放与关闭的标准

避难场所的开放,应根据该市町村的受灾情况、避难需求、避难指示的发令情况、气象厅的注意警报的发布情况等综合考虑决定。

避难场所是否关闭,应综合考虑受灾情况、今后的灾害预测、关闭后对滞留避难者的影响等来决定。

(3)配备避难场所的管理负责人

避难场所管理负责人日常工作事项主要包括避难场所的钥匙管理;检查避难场所的设施破损老化等;确认与市町村(避难场所设置者)的联络机制;检查场所内的防火设施并负责维护;确保避难场所所需物资、器材配备齐全。

(4)准备运作避难场所需要的文件

需要的文件主要包括:建筑物受灾状况调查表;避难所开放、受害状况等报告表;派遣人员名单;避难场所一览表;避难者登记簿;受灾者名单;灾害时需要援助者名单等。

(5)有关避难场所信息的宣传

平时可以通过应急避难演练进行宣传,也可通过印发宣传杂志、发放防灾地图等方式让居民充分了解避难场所。

(6)进行开放、运营避难场所的演练

避难场所的开放和运营演练可以结合避难场所所在区域的避难训练进行,可以由周边居民、避难场所管理人员等共同参与,使演练更加真实有效。

(7)设备、设施的整备

为了避免灾害时出现设备不能使用的情况发生,对被指定为避难场所的设施以及运作时所需要的设备,每年需要进行1次以上的定期检查。

避难场所的设施应以耐震、耐火结构为原则,对弱势群体要做到"无障碍化"。避难场所尽量配备应急电源设备、储水槽、井(配置水泵)等。为了防止地震时破损、倒塌等情况发生,避难场所的窗户玻璃、水泥砖墙等事先要确认强度,如果强度不够,要及时采取加固或防护措施。

(8)应急物资提供

可以从以下三个案例中学习日本在应急物资提供方面的先进经验。

2011年日本"3·11"地震后,日本最大的自动零售企业三得利株式会社宣布,所有的三得利自动贩卖机全部免费。而在2016年8月,三得利就对所有的自动贩卖机进行了改造,以保证发生地震时自动贩卖机可以转为免费模式。

2016年永旺旗下37家超市被改建成"防灾据点店铺"。这些门店自行配备了48小时应急电源及应急食品、日用品,并与当地政府、医疗机构共享救灾信息。到

2020年,永旺计划将"防灾据点店铺"的数量增加至100家。2017年3月,7-11与德岛县政府开始合作试点便利店参与物资配给。7-11拥有汇总台风、地震等自然灾害信息并调整物流网络的系统"Seven VIEW"。遇到灾害时,7-11将依据德岛县政府所提供的交通管制、避难场所位置等信息进行物资配给。

从2017年7月1日开始,包括7-11、伊藤洋华堂、全家、罗森、永旺在内的5家日本大型便利店与超市将成为"指定公共机关"。也就是说,遇到灾害时,这些零售商将协助日本政府进行救灾。零售商第一次被日本经济产业省列为"指定公共机关"。在此之前,有义务协助赈灾的只有日本广播协会(NHK)、电力、煤气、通信、铁路等企业。零售商被列为"指定公共机关"后,零售商货车获得了优先进入灾区的权利。

1.2.2 国内规划建设管理经验

1.2.2.1 国内主要城市应急避难场所规划状况

1) 北京市

(1) 规划概况

北京在全国城市中的核心领导地位和在国际上占有的重要位置,决定了北京必须建立和完善城市总体综合防灾体系,以抗御可能发生的包括地震在内的各种突发性自然灾害。这充分反映了编制应急避难场所规划的必要性。《北京中心城地震及应急避难场所(室外)规划纲要》包括避难场所的用地分类等级及场所类型、避难场所建设要求和规划实施步骤三大部分内容。

我国第一个应急避难场所是2003年10月在北京市人民政府的统一组织协调下由北京市地震局牵头建设的元大都城垣遗址公园,如图1-1所示。它遵循均衡布局、通达性好、操作性强、利于疏散、安全保障、平灾结合的原则,配备了应急救灾所需的设施和设备,如应急帐篷、应急供电、应急水井、应急厕所、应急物资储备、应急通信,甚至有应急野战医院、应急停机坪等,可在发生灾害性事件时发挥紧急避难作用。

2006年,北京市政府在应急避难场所建设中作出了"加强应急避难场所的运行管理,将应急避难场所硬件建设和软件管理有机结合"的指示。2011年9

月,北京市地震局按照市政府应急办"改进应急预案编制"的要求,在全国率先编制了《地震应急避难场所疏散安置预案编制指南(试行)》。2013年又出台了《北京市地震应急避难场所运行规范》地方标准。2013年,中国地震局为加强应急避难场所运行管理,立项编制国家标准《地震应急避难场所 运行管理指南》(GB/T 33744—2017)。

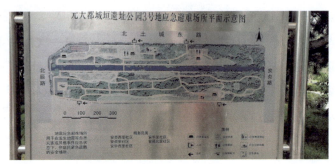

图1-1　元大都城垣遗址公园应急避难场所

(2)规划主要内容

①紧急应急避难场所用地。

主要是指发生地震等灾害时,受影响建筑物附近的面积规模相对小的空地,包括小公园绿地、小花园(游园)等。

②长期(固定)避难场所用地。

主要指相对于紧急应急避难场所用地来说面积规模较大的市级、区级公园绿地,各类体育场等,用于安排居住区(社区)、街道办事处和区级政府等管理范围内的居民相对较长时间的使用。

③避难场所建设必要的保障条件。

a. 建立和完善市、区、街道三级综合灾害应急指挥机构;

b. 建立避难场所资料库;

c. 大力增加避难场所用地,主要是增加小绿地、小公园;

d. 建立应急救灾物资储备系统。

2)上海市

(1)规划概况

随着城市灾害事件的威胁日益严重,城市应急避难场所的规划和建设已经成为确保城市安全的一项紧迫任务,是城市防灾减灾工作的重要组成部分。《上海市中心城应急避难场所布局规划》将落实新一轮总体规划以及分区规划中有关地震防灾减灾方面的要求,并借鉴与学习国内外相关经验,对应急避难场所的用地指标体系、规划布局、应急疏散通道系统、基本设施配套及规划实施建议五部分内容进行专项规划,使得避难场所各方面能够全面满足市民应急避难需求。

(2)规划主要内容

①规划明确了可用作应急避难场所的用地类型(绿地、学校操场、体育场及其他),制定了应急避护场所的用地面积要求和服务半径标准。同时根据中心城现状应急避难场所的情况及特点,制定了规划人均(综合)用地面积标准,并提出了包括异地转移、大力增加街头绿地广场、充分利用居住社区绿地、提高公园实际有效避难面积所占比重等规划措施,缓解当前用地紧张的压力。

②应急避难场所布局结构。规划应急避难场所按Ⅰ类应急避难场所、Ⅱ类应急避难场所、Ⅲ类应急避难场所及特定应急避难场所4个层次进行划分,形成均衡布局、等级分明的规划布局结构。

③应急疏散通道系统。结合中心城由内向外的整体疏散策略,选择中心城放射性的主干路和次干路网构成基本的道路疏散系统。在地震时,考虑到高架道路有可能局部坍塌,阻碍相交道路的交通,因此在交通受影响的主次干路周边符合避难通道要求的城市支路构成了第二等级的辅助性疏散通道。

a. 疏散干道——连接对外交通枢纽、对外公路及各级应急避难场所,主要承担受灾人群集体撤离和转运,同时也是主要的救援通道。

b. 疏散支干道——连接商住集中区域、居民集结点与就近应急避难场所。主要承担居民的疏散功能,作为通向应急避难场所的安全通道。

1.2.2.2 国内主要城市应急避难场所建设管理

1)北京市

(1)场所体系

避难场所的用地一般分为紧急避难场所用地和长期(固定)避难场所用地。紧急避难场所用地主要指发生地震等灾害时受影响建筑物附近的面积规模相对小的空地,包括小公园绿地、小花园(游园)、小广场(小健身活动场)等。这些用地和设施一般能够在发生地震等突发灾害时,在相对短的时间内,提供给用地周围若干个邻近建筑中受灾居民用于临时和紧急避难。

长期(固定)避难用地主要指相对于紧急避难场所用地来说面积规模较大的市级、区级公园绿地,各类体育场等,规模再大些的还包括城区边缘地带的空地、城市绿化隔离地区等,主要用于安排居住区(社区)、街道办事处和区级政府等管理范围内的居民相对较长时间的使用。

(2)运行管理

①引导人员应迅速到达指定位置,或采取边引导边就位的方式,按照疏散路线,将居民引导至地震应急避难场所内指定安置区域。过程中要注意对老年人、残疾人、孕妇、婴幼儿、轻症伤(病)员等需要帮助的特殊人员进行帮扶。

②应急避难场所运行管理机构应设立由政府工作人员、地震应急避难场所管理者、需安置的社区(村)负责人组成的地震应急避难场所疏散安置指挥部,负责统一指挥、管理民众疏散安置工作。

应急避难场所疏散安置指挥部应下设协调联络组、人员疏散组、医疗防疫组、治安保卫组、后勤保障组、宣传教育组等工作组,明确负责人和工作人员。各组任务如下:

a.协调联络组,负责对外通信联络、地震应急避难场所情况统计报告、志愿者招募等工作;

b.人员疏散组,负责民众疏散通知与引导、地震应急避难场所内安置居民登记、失散人员的登记与查询等工作;

c.医疗防疫组,负责地震应急避难场所内医疗救护、卫生防疫、心理危机干预等工作;

d.治安保卫组,负责地震应急避难场所内的治安保卫等工作;

e.后勤保障组,负责地震应急避难场所指挥管理设施保障、安置居民住宿保障、居民生活物资的管理与供应、垃圾处理及环境卫生维护、宠物安置等工作;

f.宣传教育组,负责信息通告、减灾知识宣传等工作。

③对疏散到地震应急避难场所内进行安置的居民进行登记。

④应急避难场所情况报告和信息发布。

⑤志愿者招募,组织对临时志愿者进行培训,介绍工作内容、分解工作任务、明确工作步骤等。

⑥应急避难场所区域划分为功能区域和安置区域。功能区域包括物资供应点、医疗救护点、垃圾存放点、治安管理点和公共卫生间、浴室、厨房等。每个功能点应设置醒目标志;安置区域包括供安置居民休息搭建的帐篷、活动简易房和室内用分区隔离板隔开的空间等。

⑦应急避难场所物资储备点或临时设置的物资储备点统一保管物资,并指定专人看守和管理。随时检查物资储存情况,避免物资受潮、霉变等,注意防火、防盗。

⑧配套服务措施。包括医疗卫生与防疫服务、通信服务、治安管理、失散人员登记查询、宠物安置、车辆安置等。

应急避难场所的公园绿地、体育场、学校操场等都建成为具备多种功能的综合体。一是平时供市民休闲、娱乐和健身等;二是配备救灾所需设施(设备),在出现地震以及发生如火灾等其他类突发灾害时能够发挥避难场所的作用,二者兼顾,互不矛盾。

2)绵阳市

(1)场所体系

2008年5月12日汶川和2014年4月12日雅安芦山等地震发生后,以绵阳九州体育馆、芦山体育馆、雅安中学为代表的大批地震应急避难场所,在安置民众的过程中,都迅速地建立了较为完整的应急避难场所运行管理的制度、措施、规程,有效地保障了场所运行工作,安定了民心,稳定了社会,得到了党和国家领导的高度肯定和赞赏。以"5·12"汶川地震中绵阳九州体育馆的应急救灾为例,具体情况如下:

①管理模式和机构设置。

"5·12"汶川特大地震发生后,绵阳市抗震救灾总指挥部于2008年5月13日凌晨决定开放地处城郊的九洲体育馆,作为北川受灾群众临时安置点,成立九洲体育馆群众临时安置组(简称"安置组")指挥部,下设受灾群众安置组办公室、综合组、宣传组、后勤保障组、物资发放组、安全保卫组、卫生防疫组、学生工作组、志愿者管理组九个工作组。与此同时，北川县委也成立了北川县委九洲体育馆工作组，积极配合指挥部的工作。安置点还成立了受灾群众接收、寻亲登记、捐赠物资、物品发放、北川平武咨询五个工作站。

②管理者。

绵阳市委、市政府成立了由市委书记任总指挥长的绵阳市抗震救灾总指挥部。成立由市委常委、市总工会主席王倩任指挥长的九洲体育馆受灾群众安置指挥部，并安排36个市级部门近400名干部职工负责后勤保障服务工作。

③管理内容。

安置组相继制定了《九洲体育馆灾民安置组工作职责（暂行）》《市级部门灾民责任区工作职责（暂行）》《九洲体育馆灾民管理暂行办法》《九洲体育馆志愿者管理暂行办法》等文件，将工作职责落实到人，同时坚持日例会制度、日报制度、日工作简报制度、安置组工作人员24小时值班制度等，确保安置工作井然有序。

绵阳市先后从63个市级部门抽调1000多名机关工作人员参加服务。安置组将相当于18个足球场大小的九洲体育馆重新划分为44个社区，每个社区由一个市直部门分工。绵阳市各部门干部24小时轮班当"社长"，300多名机关干部、医护防疫人员、心理救助人员、保安人员、环卫工人负责区内受灾群众的生活。

(2) 运行管理

①指挥部成立。

安置指挥部召集部分市级部门和群团组织负责人召开紧急会议，研究应对措施，就地成立了物资接收组、后勤保障组、卫生防疫组、安全保卫组、志愿者服务组、学生教育管理组、北川干部工作组、受灾群众登记处和寻亲登记处，"七组两处"迅速有序运转。

安置指挥部第二次召开紧急会议，进一步增强了安置点领导力量，完善了工作机构，将原定的七组改设为办公室、安全保卫组、安置组、后勤保障组、物资接收组、宣传组、卫生防疫组、学生教育管理组和志愿者服务组九个工作组;明确了各工作组和各安置区域的负责人和工作职责,制定了《九洲体育馆灾民安置组工作职责》《市级部门灾民责任区工作职责》《九洲体育馆灾民管理暂行办法》《九洲体育馆志愿者管理暂行办法》,确定了安置工作日例会制度、日报制度、日工作简报制度和安置组工作人员24小时值班制度等相关工作制度;同时明确了各组工作职责,特别加强了对救灾物资的管理,制定了《绵阳市抗震救灾九洲体育馆物资供应保障组物资管理办法》《绵阳市抗震救灾指挥部群众安置组物资接收组工作人员岗位职责》《九洲体育馆救灾物资发放点管理规定》和绵阳市九洲体育馆救灾物资捐赠登记表、九洲体育馆救助点灾民领用生活物资登记表、批量救灾物资调配通知单和批量救灾物资接收单等18个管理办法和登记表格。与此同时,北川县委也成立了北川县委九洲体育馆工作组,积极配合安置指挥部的工作。

②基本生活保障。

安置组以馆内大柱划界,按照受灾群众大体来源地域分为32个区,每一个区由一个市级部门或群团组织负责。并在馆内挤出7个房间,每个房间可以容纳4~8对母婴,房间内设有独立卫生间及空调,组织购买了婴儿奶粉、奶瓶、纸尿裤等物品,当天就接纳了38对母婴入住。为更好地保护受灾学生,专门将体育馆的内场设为学生生活区,专门提供热食品、热水和牛奶等。

③配套服务。

安置指挥部建立安置点医疗救护点,成立九洲体育馆志愿者队伍。物资接收组设立捐赠资金接收点,由物资接收组1名领导和2名工作人员、市商业银行1名工作人员以及市纪委1名工作人员共同组成工作小组,接受社会各界的现金捐赠。每天下午5点和晚12点两次清点并移交款项,实行3人签字制度,保证每一分捐赠款都用在受灾群众最需要的地方。一个部门负责一个安置区域的工作制度得到有力落实,均抽调年轻干部来安置点帮助受灾群众,坚持24小时值班制,确保受灾群众有诉求都能得到责任部门干部的帮助和协调。在指挥部和北川县委工作组的带领下,一些安置区域开始建立临时党小组,发挥党员干部的带头作用,或成立群众自助小组,一些受灾群众从被动接受救助开始向组内互助、主动配合责任部门转变。安置点增设临时供电点81处、临时供水点46处；修建大型厕所1处、流动厕所5处，解决了群众如厕难的问题；安装一次可容纳70多人洗澡的热水锅炉和洗澡棚；建起开水锅炉、饮用水净化设备等服务设施，并加强照明、通风、消防设施。

全国各地有1万余名志愿者提供了15万人次的服务。一些群众到指挥部设置的寻亲登记处登记，指挥部也将掌握的安置点各区域受灾群众的来源、姓名、联系电话等信息张贴在"寻亲墙"上。数十部免费"平安电话"在体育馆内开通。市内各大医院、疾病预防与控制中心和外地赶来支援的医疗卫生人员，每天对体育馆和周边环境进行消毒和蚊虫捕杀。安全保卫组抽调300名公安民警、160名预备役民兵，分别建立了东、西、南、北四个区域的流动警务室，实行昼夜执勤。安置组每天安排150~200名环保工人从事安置点环卫保洁工作。安置组与绵阳市教育局在九洲体育馆篮球场建立了可容纳300余人的帐篷学校。北川教育局、绵阳中学、绵阳外国语学校每天安排150多名教师进行教学，满足了1200多名中小学生的学习要求。2008年6月3日起，市文化局、体育局动员组织全系统工作者，在九洲体育馆组织了一系列文化体育活动，每天都有一台文艺表演和一场电影，此外还有图书展、卡拉OK、游戏互动和赈灾健身展示及捐赠等活动。

1.2.3　经验借鉴小结

日本与国内先进城市的案例，为我们提供了宝贵的可以借鉴的经验，具体如下：

第一，日本防灾规划从应对自然灾害的经验基础和对灾害行为学的研究这两个方面出发，辅助对城市避难场所的空间布局，增强城市抗灾能力并积极应对灾害带来的损失，将自然灾害带来的人员和财产损失降到最低。

第二，上海、北京等大城市的应急避难场所规划主要就地震灾害进行了研究，因此地震灾害作为破坏性最大的自然灾害，决定了对应急避难能力的上限要求，在满足应急地震灾害的情况下，其他常规灾害的避难需要基本能得到满足，因此在应急避难场所规划中应该重点考虑地震灾害的影响。

第三，各个城市面对的灾害情况各不相同，规划内容的深度也各有差异。除了要重点考虑地震灾害的影响以外，各城市必须根据自身的灾害发生情况，进行合理的防灾分区，确定对应的应急避难场所类型。

第四，目前国内外的研究中应急避难场所的分类体系，规划内容基本一致，本次规划也将采用类似的分类体系将应急避难场所分为室内和室外两类，中心、区域、社区三级，在规划内容上也分为应急避难场所规划建设、应急通道规划建设和应急避难场所配套标准三大部分。

第五，各个城市的防灾规划都根据自身的情况，制定相应的防灾策略和标准，并通过严格的指标控制，划定各等级的应急避难场所并严格执行，确保灾时的应急避难场所的可靠性和安全性。

在结合国内外城市经验的基础上，广州市应急避护场所体系的构建，应该结合本地区的客观实际情况，充分吸收各个地方的先进经验，构建一个综合性、科学性和高效性的应急避护场所体系。在具体的等级结构、人均指标方面，可在充分依据相关规范的基础上，结合广州市面对的各类突发事件及资源情况来确定。

1.3 城市应急避护场所规划建设管理的推动力

1.3.1 城市政府的法定职责

推进城市应急避护场所建设是城市政府的法定职责。对应急避难场所的设置，在《中华人民共和国突发事件应对法》和《中华人民共和国防震减灾法》等法律法规中均有明确规定，同时也是创建全国文明城市的一项实地考察指标。抓好应急避护场所的建设、管理和使用，有利于增强自然灾害防御能力，提升突发事件应对水平，提高政府应急管理水平，意义重大，作用重要。应急避护场所的规划建设管理已经作为广州市政府的工作内容在常态化进行。

1.3.2 城市安全保障的底线需求

2020年1月以来，新型冠状病毒突发，给全球的社会生活、经济造成了极大的影响。城市公共卫生安全事件等突发事件的发生，对城市安全保障提出严峻的挑战，城市应急避护场所是应对包括公共卫生安全事件在内的突发事件的避护空间。底线思维是新时代城市应急避护需要强调的基本原则，将保障城市安全的城市应急避护场所纳入底线思维显得尤为迫切。习近平总书记多次强调："要善于运用'底线思维'的方法，凡事从坏处准备，努力争取最好的结果，这样才能有备无患、遇事不慌，牢牢把握主动权。"[1]

城市应急避护场所是城市安全保障的"安全岛"，对于城市应急避护场所规划建设管理而言，强调底线思维已成为新时代城市应急避护场所规划建设管理的趋势。强调城市应急避护场所的底线思维，是确保城市安全保障的底线需求，为有效应对因各种不可预见的灾害的发生提供应对的基础。

1.3.3　现代化应急管理体系建设的历史使命

党的十九大开启国家现代化治理体系与能力建设新时代，城市应急管理体系是现代化治理体系的重要组成部分。城市应急避护场所作为城市应急管理的重要空间载体，承担着应对城市突发事件的安全保障作用。

自《广州市应急避护场所建设规划（2014—2020年）》颁布实施以来，经过多年的规划建设管理，形成了广州市应急避护场所体系。通过明确不同类型和等级的应急避护场所建设内容体系，提出内容体系中各要素的建设要求，最终形成中心应急避护场所、固定应急避护场所、紧急应急避护场所和室内应急避护场所共四种类型场所的建设指引，指导各区进行应急避护场所的建设工作，进一步规范和指导应急避护场所的建设实施。

由于广州应急避护场所规划具有很强的应用性和可操作性，因此在指导广州各区各级应急避护场所建设的实际工作中，在"市—区—街道（镇）—居委（村）"各个层级政府的反复验证和检讨的过程中，面对实际的建设施工环节，应急避护场所建设指引得到了更好的补充与完善，保证了全市应急避护场所平稳地从规划阶段迈进建设阶段。这些规划建设管理的丰富实践为广州市现代化应急管理体系建设奠定了良好的基础。

---

[1] 引用自《人民日报》（2016年05月12日09版）。

1.4 广州市应急避护场所体系构建

1.4.1 应急避护场所体系的组成

根据《城市抗震防灾规划标准》(GB 50413—2007)、《广东省应急避护场所建设规划纲要(2013—2020年)》和《广州地震应急避难场所(室外)专项规划纲要(2010—2020年)》,在对当前各类城市公共安全风险评估的基础上,参考相关研究及日本避难场所规划建设的经验,并结合广州市的资源现状,根据广州市人口的分布情况对应急避护场所的需求进行分析。从有效避护面积、疏散距离、避护人口规模、责任区服务用地规模、责任区服务人口规模五个方面对应急避护场所进行划分,形成区域性应急避护场所、城市应急避护场所等五个类别的应急避护场所体系。其中,城市应急避护场所包括室外和室内应急避护场所。室外应急避护场所细分为中心应急避护场所、固定应急避护场所和紧急应急避护场所三个类别。广州市应急避护场所体系示意图如图1-2所示。广州市规划建设的中心应急避护场所兼备区域应急避护场所功能。

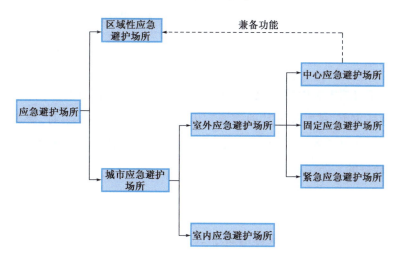

图1-2 广州市应急避护场所体系示意图
(根据《广州市应急避护场所建设规划(2014—2020年)》绘制)

1.4.2 各类应急避护场所的具体内容

1) 室外应急避护场所

室外应急避护场所适用于地震及其他需要室外应急避护的突发事件发生时,受灾人员的疏散和安置。根据承担功能和等级的不同,可分为紧急应急避护[社区(村)、乡镇(街道)级]、固定应急避护[县(市、区)级]、中心应急避护(市级)三级。

紧急应急避护场所:城乡公众和厂矿区人员就近紧急疏散和临时安置(通常为灾害发生前后3天以内)的临时性场所,也是受灾人员集合并转移到固定应急避护场所的过渡性场所,主要为空地、绿地、露天停车场、公园、广场、学校操场、体育场等室外场地。

固定应急避护场所:城乡居民较长时间(通常为3天以上)避护和进行集中性救援的场所,主要为按避护要求改造过的较大公园、体育场、绿地、广场、学校操场、综合车场等室外场地。固定应急避护场所可兼作紧急避护场所。

中心应急避护场所:规模较大、功能较全、安全度高、承担区域疏散调度和临时救援中心作用的固定应急避护场所,主要为按避护要求改造过的大型城市公园、大型体育场、大型市政广场、大学等场所,兼具紧急应急避护场所和固定应急避护场所的功能。

2) 室内应急避护场所

适用于自然灾害中的气象灾害(如台风、暴雨和高温、冰冻、寒潮的避暑避寒等)、地质灾害、核事故及其他需要室内避护的突发事件发生时,受灾人员的紧急疏散和临时安置,主要为学校、社区(街镇)中心、福利设施、体育馆、会展场馆、条件较好的人防工程等室内场所。

1.4.3 应急避护场所体系构建历程

"应急避护场所"的正式称谓始于2010年7月1日起公布施行的《广东省突发事件应对条例》第二十二条:"县级以上人民政府应当将应急避护场所建设纳入本级城乡建设规划,统筹安排应对突发事件所需的设备和基础设施建设。

县级以上人民政府应当明确应急避护场所的管理单位，在应急避护场所设置统一、规范的明显标志，储备必要的物资，提供必要的医疗条件。应急避护场所管理单位应当加强对应急避护场所的维护和管理，保证其正常使用。"

同年8月，广东省人民政府办公厅经省人民政府同意印发《关于认真贯彻实施突发事件应对条例的通知》（粤府办〔2010〕50号），提出相应实施意见，明确提出："由省住房城乡建设厅会同有关单位，研究制订应急避护场所建设规划；由省民政厅会同有关单位制订应急避护场所建设指导意见，并进行管理。由省经济和信息化委牵头会同有关单位，研究制订应急物资储备体系建设规划。"

2013年，由当时的广东省住房和城乡建设厅会同广东省人民政府应急管理办公室组织编制《广东省应急避护场所建设规划纲要（2013—2020年）》，经广东省人民政府同意后以《广东省人民政府办公厅关于印发广东省应急避护场所建设规划纲要（2013—2020年）的通知》（粤府办〔2013〕44号）予以印发实施。

广州市积极贯彻落实省级部署，2014年由当时广州市规划局组织编制《广州市应急避护场所建设规划（2014—2020年）》，当年12月由广州市人民政府办公厅以穗府办函〔2014〕164号印发实施。为切实加强全市应急避护场所设施建设的组织领导、研究部署、统筹协调、督促检查等工作，广州市人民政府办公厅于2016年12月颁布《广州市应急避护场所设施建设实施方案》（穗府办函〔2016〕93号），同年12月，由广州市住房城乡建设委会同市应急办制订《广州市应急避护场所建设指引》（穗建市政〔2016〕2455号），明确应急避护场所建设标准和要求。2017年，天河体育中心作为全市中心级应急避护场所示范点建设完成，全市应急避护场所规划建设提速。为规范建设完成的应急避护场所的管理使用，2018年1月由广州市住房城乡建设委会同市应急办颁布实施《广州市应急避护场所管理手册》（穗建市政〔2018〕176号），用于指导建成的应急避护场所管理使用。2022年6月，广州市市场监督管理局批准发布广州市地方标准《应急避护场所设计规范》（DB4401 T 158—2022）。至此，广州市应急避护场所规划管理体系初步构建完成。广州市应急避护场所体系构建历程示意图如图1-3所示。

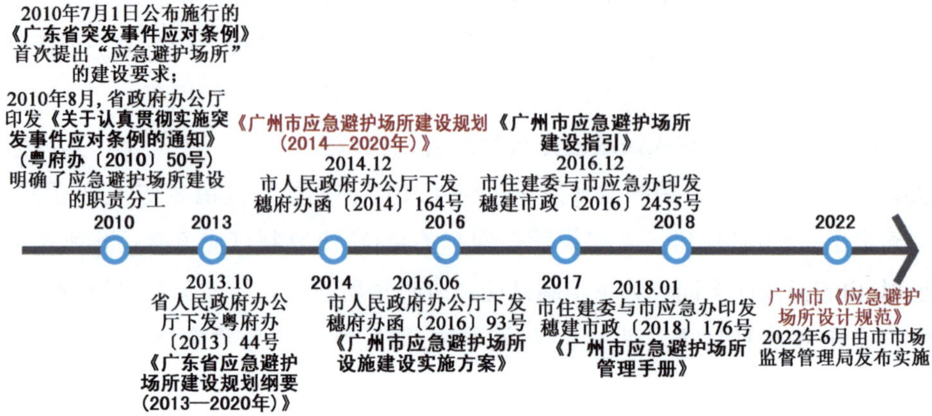

2010年7月1日公布施行的《广东省突发事件应对条例》首次提出"应急避护场所"的建设要求；

2010年8月，省政府办公厅印发《关于认真贯彻实施突发事件应对条例的通知》（粤府办〔2010〕50号）明确了应急避护场所建设的职责分工

《广州市应急避护场所建设规划（2014—2020年）》
2016.12
市人民政府办公厅下发穗府办函〔2014〕164号

《广州市应急避护场所建设指引》
2016.12
市住建委与市应急办印发穗建市政〔2016〕2455号

2010　　2013　　2014　　2016　　2017　　2018　　2022

2013.10
省人民政府办公厅下发粤府办〔2013〕44号
《广东省应急避护场所建设规划纲要（2013—2020年）》

2016.06
市人民政府办公厅下发穗府办函〔2016〕93号
《广州市应急避护场所设施建设实施方案》

2018.01
市住建委与市应急办印发穗建市政〔2018〕176号
《广州市应急避护场所管理手册》

广州市《应急避护场所设计规范》2022年6月由市市场监督管理局发布实施

图 1-3　广州市应急避护场所体系构建历程示意图

CHAPTER 2

第2章

应急避护场所
总体建设规划

随着我国城镇化和经济社会的快速发展,城市突发公共灾害逐渐表现出灾种多、扩散快、范围广、损失大等新时期特点,同时我国也提出打造韧性城市的新时代要求,因此,城市应急避护场所总体规划需在场地供应、快速应急响应、适应多种灾害、与周边环境协调共生等方面满足新时期我国城市防灾减灾需求。

本章以广州市为例,从需求预测、场所选址、场所布局、应急疏散、生命线系统和适应性六个方面详细介绍广州市关于应急避护场所的总体建设规划,以期为其他城市打造适应新时期城市灾害防治特点、打造韧性城市提供经验借鉴。

2.1 应急避护场所需求分析

应急避护场所需求分析是在广州市当前人口分布与当前人口预测的基础上,通过对各类灾害的受灾人口的预测来综合分析室内外应急避护场所的需求,为应急避护场所的规划布局提供依据。

2.1.1 规划区人口空间分布

《广州市应急避护场所建设规划(2014—2020 年)》的规划人口是根据《广州市城市总体规划(2011—2020 年)》的人口预测结果,结合广州当前整体发展趋势和城市未来的发展定位,广州常住人口规模 2015 年末达到 1500 万人,2020 年末达到 1800 万人。结合上述人口预测结果,按市辖区(县级市)分解的 2020 年规划常住人口规模进行规划(图 2-1)。

2.1.2 受灾人口数量预测

综合考虑广州市灾害现状以及目前综合防灾受灾人数研究成果,受灾人数预测以洪涝灾害、地震灾害、风暴潮灾害等为主,其他灾害(火灾、地质灾害等)受灾人数不做单独预测,重在灾前预防。因此,结合广州市特点,下文主要展示洪涝、地震和风暴潮三种灾害的受灾人口预测计算方法。

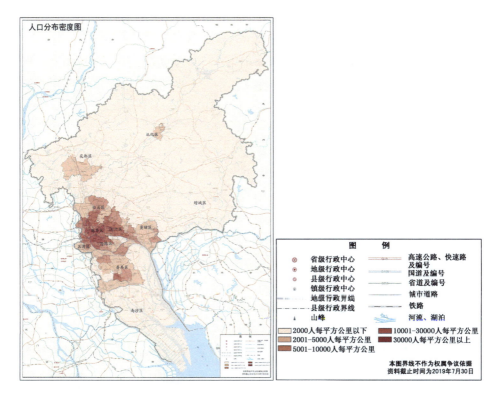

图 2-1　规划人口密度分析图

[审图号:粤 AS(2022)017 号]

2.1.2.1　地震受灾人口数量预测

预测一次地震后造成的中长期受灾人口与建筑物破坏程度有关,可用以下公式进行计算:

$$M = 1/a \times (2/3 \times A_1 + A_2 + 7/10 \times A_3) \qquad (2\text{-}1)$$

式中: A_1 ——地震时毁坏的房屋面积(平方米);

　　　A_2 ——严重破坏的住宅建筑面积(平方米);

　　　A_3 ——中等破坏的住宅建筑面积(平方米);

　　　a ——人均居住面积(平方米)。

1) 设防烈度下避护人口数量统计

在设防烈度下,根据谢礼立院士的研究及广州市建筑质量综合评估,房屋损害比例见表 2-1。设防烈度下避护人数空间分布如图 2-2 所示。

设防烈度地震损害房屋比例 表 2-1

损害程度	基本完好	中等破坏(A_3)	严重破坏(A_2)	倒塌(A_1)
所取比例	85%	15%	0	0

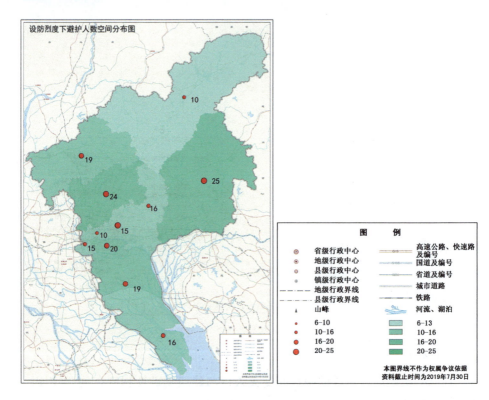

图 2-2　设防烈度下避护人数空间分布(单位:万人)

[审图号:粤 AS(2022)017 号]

根据公式计算,其中,$a = A/m$,$A_1 = 0$,$A_2 = 0$,$A_3 = 15\%$,A 为总建筑面积,m 为总人口数(固定人口加流动人口)。得出 $M = 0.105$,即设防烈度下造成的中长期避护人口占总人口的 10.5%。

根据广州市总体规划 2020 年的常住人口规模预测,当广州市遭遇设防烈度地震时,紧急避护人口为 1800 万人,而中长期避护人口约为 189 万人。

2)大震烈度下的避震疏散人口数量估计

在大震烈度下,根据谢礼立院士的研究,同时结合广州实际建筑质量以及很少发生6级以上地震,确定大震损害房屋比例见表2-2。

大震损害房屋比例　　　　　　　　　表2-2

损害程度	基本完好	中等破坏	严重破坏、倒塌
所取比例	10%	75%~80%	5%~10%

根据前文中提到的公式计算,其中 $a=A/m$, $A_1=0$, $A_2=5\%$, $A_3=75\%$, A 为总建筑面积, m 为总人口数(固定人口和流动人口)。计算得 $M=0.574$, 即大震烈度下造成的避护人口占总人口的57.4%。因此,当遭遇大震时,广州市中长期避护人口约为1033万。图2-3展示了大震烈度下广州市避难人数空间分布情况。

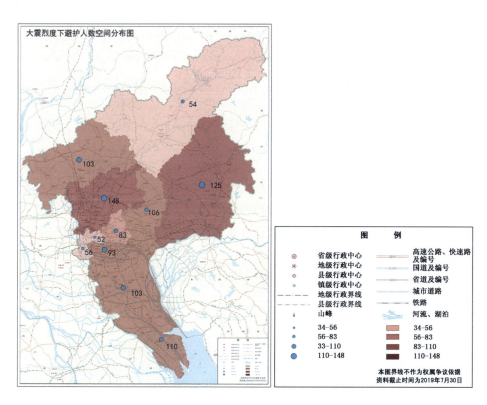

图2-3　大震烈度下避护人数空间分布(单位:万人)

[审图号:粤AS(2022)017号]

综合以上分析,设防烈度和大震烈度下预测避护人数见表2-3。

广州市各行政区中长期避护人口预测　　　表2-3

行政区	常住人口（万人）	比例（设防烈度避护人口百分比）	设防烈度下避护人口数量（万人）	比例（大震）	大震烈度下避护人口数量（万人）
越秀区	90	11%	10	58%	52
海珠区	155	12%	20	60%	93
荔湾区	90	13%	15	62%	56
天河区	145	10.5%	15	57.4%	83
白云区	270	8%	24	55%	148
黄埔区	190	8.42%	16	55.79%	106
花都区	180	10.5%	19	57.4%	103
番禺区	180	10.5%	19	57.4%	103
南沙区	200	8%	16	55%	110
从化区	90	12%	10	60%	54
增城区	210	12%	25	60%	125
总计	1800	—	189	—	1033

2.1.2.2 洪涝受灾人口数量预测

以广州市数字高程模型(Digital Elevation Model,DEM)为基础,根据国际经验和广州市历史洪涝灾害发生情况,将海拔3米以下的地区定为洪涝淹没区,进而得到在最恶劣的情况下,洪水水位达3米的洪涝灾害发生时,广州市洪涝灾害淹没区空间分布图(图2-4)。

然后结合广州市的人口空间分布情况,统计洪涝灾害淹没区范围内规划人口数量,得到了各地区洪涝灾害发生时的受灾人口数量及空间分布图(表2-4,图2-5)。

广州市各行政区洪涝灾害受灾面积与受灾人口规模预测　　　表2-4

地　区	洪水淹没面积(公顷)	受灾人口数量(人)
白云区	4.37	605
番禺区	6984.22	89229
海珠区	49.29	1323
花都区	3.08	108

续上表

地　　区	洪水淹没面积(公顷)	受灾人口数量(人)
黄埔区	1572.04	28672
荔湾区	80.12	2823
南沙区	14186.22	268273
天河区	3.20	178
总计	22882.54	391211

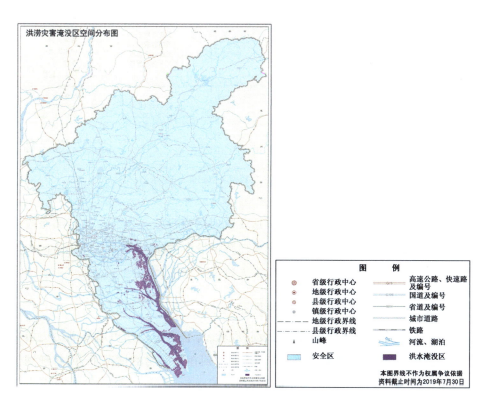

图 2-4　洪涝灾害淹没区空间分布图

[审图号:粤 AS(2022)017 号]

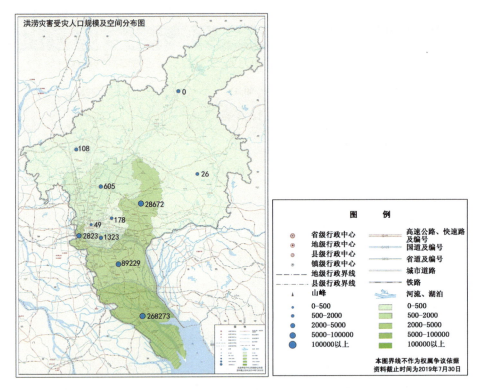

图 2-5 洪涝灾害受灾人口规模及空间分布图（单位：人）

[审图号：粤 AS(2022)017 号]

分析结果显示，广州市洪水水位达 3 米时的淹没区主要分布在南部海拔较低的南沙区，因此南沙区的洪水受灾人口数量最多；番禺区和黄埔区由于区内地势较低的地区人口密度较大，因此受灾人口规模也较大（图 2-5）。

2.1.2.3　风暴潮受灾人口数量预测

根据日本等风暴潮多发国家的设防经验，综合考虑广州市风暴潮历史最高潮位，设定 3 米潮位为风暴潮淹没区，进而得到在最恶劣的情况下，风暴潮潮位达 3 米时广州市风暴潮淹没区空间分布图（图 2-6）。

再结合广州市的人口空间分布情况，统计洪涝灾害淹没区范围内规划人口数量，得到了各地区洪涝灾害发生时的受灾人口数量及空间分布图（表 2-5，图 2-7）。

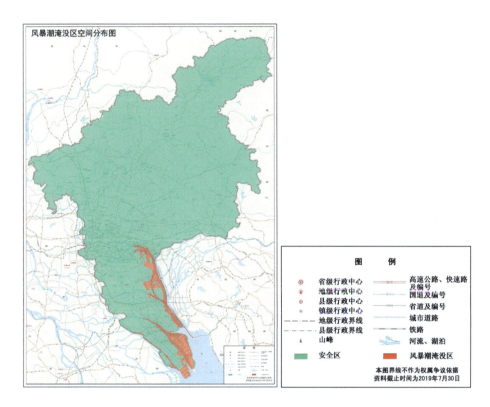

图 2-6　风暴潮淹没区空间分布图

[审图号:粤 AS(2022)017 号]

广州市各行政区风暴潮灾害受灾面积与受灾人口规模预测　　表 2-5

地　区	风暴潮淹没面积(公顷)	受灾人口(人)
番禺区	6452.87	76075
黄埔区	1258.48	9629
南沙区	16836.51	394514
总计	24547.86	480218

分析结果显示,广州市风暴潮潮位达 3 米时的淹没区主要集中在南部海拔较低的番禺区和南沙区,因此番禺区和南沙区的风暴潮受灾人口数量最多;中部黄埔区由于区内地势较低的地区人口密度较大,因此受灾人口规模也较大;其余地区内无 3 米潮位的风暴潮淹没区域,受灾影响可以忽略(图 2-7)。

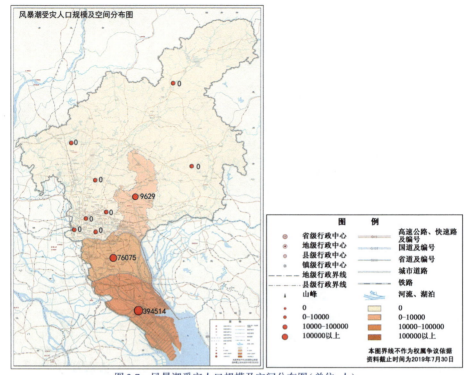

图 2-7 风暴潮受灾人口规模及空间分布图(单位:人)

[审图号:粤 AS(2022)017 号]

2.1.3 应急避护场所容纳人口数量预测

从上述各灾害受灾人数预测可以看出,广州市无论是设防烈度还是高烈度地震发生时,其造成的受灾人数都要高于洪涝灾害与风暴潮灾害,因此,在分析应急避护场所需求时应以地震灾害为主,但是在空间布局时应综合考虑其他灾害的避护需求进行统筹考虑,使应急避护场所面向多灾种兼容的空间复合利用。

《广东省应急避护场所建设规划纲要(2013—2020年)》提出至 2020 年,规划应急避护场所应能容纳常住人口的 1/3,参考国内城市在应急避护场所容纳人口与规划常住人口的比例关系,规划 2020 年建设的室外应急避护场所能容纳避护人数达到常住人口总数 40%以上;室外应急避护场规划所有效用地面积达到 1950 公顷以上;室内应急避护场规划避护人数达到常住人口数 10%以上,室内应急避护场所规划有效建筑面积为 360 万平方米以上。为应对大震避护需求,至 2030 年,室外应急避护场所应能容纳总人口规模的 57.4%。

2.2 应急避护场所选址评估

2.2.1 避护场所选址区位评估标准

根据调研资料及固定应急避护场所建设要求,考虑到综合防灾的要求及灾害链的特征,对广州市地震、洪涝、风暴潮对应的应急避护场所进行场地选址适宜性评价,其他小范围可控型的风险,在应急避护场所规划中不予单独考虑,但是由于其处于某些原生灾害链中的次生灾害,必须在各类型应急避护场所选址中进行考虑,并依据评价得分情况,明确不适宜建设应急避护场所的区位。表 2-6 ~ 表 2-8 分别展示了地震、洪涝和风暴潮的应急避护场所选址标准。

地震应急避护场所选址标准　　　　表 2-6

序号	影响因素	因素类型	划分标准	评价结论
1	地质条件	原生灾害	地质不适宜地段及距断层 15 米地区	不适宜
			其他	适宜
2	加油站、加气站、电力高压线、电站		距离< 50 米	不适宜
			距离 50 ~ 100 米	有条件适宜
			距离> 100 米	适宜
3	储油储气站		距离< 500 米	不适宜
			距离 500 ~ 1000 米	有条件适宜
			距离> 1000 米	适宜
4	海啸淹没范围	次生灾害	水位> 2.5 米	不适宜
			水位 1.5 ~ 2.5 米	有条件适宜
			水位< 1.5 米	适宜
5	高压燃气管线		距离< 25 米	不适宜
			距离 25 ~ 50 米	有条件适宜
			距离> 50 米	适宜
6	地形		> 30°	不适宜
			15° ~ 30°	有条件适宜
			< 15°	适宜

续上表

序号	影响因素	因素类型	划分标准	评价结论
7	河流、海面、水库	次生灾害	水面	不适宜
			距离≤30米	有条件适宜
			距离>30米	适宜
8	文物保护区	其他	保护区	不适宜
			距离≤30米	有条件适宜
			距离>30米	适宜
9	垃圾处理站		距离≤100米	有条件适宜
			距离>100米	适宜

洪涝应急避护场所选址标准　　　　　　　　　　　表2-7

序号	影响因素	因素类型	划分标准	评价结论
1	洪水淹没范围	原生灾害	水位>2.5米	不适宜
			水位1.5~2.5米	有条件适宜
			水位<1.5米	适宜
2	地质条件		地质不适宜地段及距断层15米以内地区	不适宜
			其他	适宜
3	加油站、加气站、电力高压线、电站		距离<50米	不适宜
			距离50~100米	有条件适宜
			距离>100米	适宜
4	储油储气站	次生灾害	距离<500米	不适宜
			距离500~1000米	有条件适宜
			距离>1000米	适宜
5	高压燃气管线		距离<25米	不适宜
			距离25~50米	有条件适宜
			距离>50米	适宜
6	地形		>30°	不适宜
			15°~30°	有条件适宜
			<15°	适宜
7	河流、海面、水库		水面	不适宜
			距离≤30米	有条件适宜
			距离>30米	适宜

续上表

序号	影响因素	因素类型	划分标准	评价结论
8	高程	次生灾害	≤1.5米	有条件适宜
			>1.5米	适宜
9	文物保护区	其他	保护区	不适宜
			距离≤30米	有条件适宜
			距离>30米	适宜
10	垃圾处理站		距离≤100米	有条件适宜
			距离>100米	适宜

风暴潮应急避护场所选址标准　　　　　　　　　　表2-8

序号	影响因素	因素类型	划分标准	评价结论
1	海啸淹没范围	原生灾害	水位>2.5米	不适宜
			水位1.5～2.5米	有条件适宜
			水位<1.5米	适宜
2	地质条件		地质不适宜地段及距断层15米以内地区	不适宜
			其他	适宜
3	加油站、加气站、电力高压线、电站		距离<50米	不适宜
			距离50～100米	有条件适宜
			距离>100米	适宜
4	储油储气站		距离<500米	不适宜
			距离500～1000米	有条件适宜
		次生灾害	距离>1000米	适宜
5	高压燃气管线		距离<25米	不适宜
			距离25～50米	有条件适宜
			距离>50米	适宜
6	地形		>30°	不适宜
			15°～30°	有条件适宜
			<15°	适宜
7	河流、海面、水库		水面	不适宜
			距离≤30米	有条件适宜
			距离>30米	适宜

续上表

序号	影响因素	因素类型	划分标准	评价结论
8	高程	次生灾害	≤1.5米	有条件适宜
			>1.5米	适宜
9	文物保护区	其他	保护区	不适宜
			距离≤30米	有条件适宜
			距离>30米	适宜
10	垃圾处理站	其他	距离≤100米	有条件适宜
			距离>100米	适宜

2.2.2　应急避护场所因子综合评价

依据地震、洪涝、风暴潮三个评价体系划分的单因子，分别对其进行分析，并按照表2-9的换算方法进行打分评价。

应急避护场所评价结论及其对应分值表　　表2-9

安全等级	不适宜	有条件适宜	适宜
安全得分	1	2	3

为将各种安全影响因子综合分析，利用最小值叠加法进行区位分析评价。最小值叠加法的评价模型是仿照生态学利比希最小因子法则（Liebig's law of minimum）进行计算的［式(2-1)］，这种评价方法被广泛地应用在风险评估和用地评价中：

$$S = \text{Min}(x_1, x_2, \cdots, x_n) \tag{2-2}$$

式中：　　S——某区位安全性综合评价得分；

$x_n(n=1,2,\cdots,n)$——通过表2-6、表2-7、表2-8、表2-9换算得来的某区位安全性要素的单因子的分值。

在评价中，要求每个因子都是起到"底线"作用的因子。最终运用不同区位的安全要素单因子叠加分值S，寻找安全的区位进行应急避护场所建设，确保场所的安全。可以得出，在三种类型的应急避护场所选址评价结论中，广州中心城区（越秀区、荔湾区、海珠区、天河区、黄埔区、番禺区）大部分地区适宜进行应急避护场所建设，但选址中需要注意避让城市高压廊道、加油加气站等；白云区东部、花都区北部、从化区东北部、增城区西北部由于地形、地质灾害等原因，不适宜建设应急避护场所；南沙区南部地区由于地势低洼，有一定可能会在风暴潮中淹没，风暴潮型应急避护场所不应于此设置点位，而考虑到震后次生灾害（海啸），地震型应急避护场所也不宜在此选址；在南沙区东部地区，当洪水水位大于2.5米时，有一定概率会被淹没，与市内沿珠江边地势低洼处一样，不适宜建设应对洪水灾害的应急避护场所。

最后，将洪水适宜性评价结果、风暴潮评价结果以及地震适宜性评价结果等进行栅格化，将各结果中评价为不适宜的区域进行拼合即形成不适宜建设区，这样可以充分考虑城市建设用地的安全性。从结果（图2-8）中可以看出，在入海口、河流水域、危险源点、电力廊道以及高程较低的地区都存在一定的灾害风险，不利于进行城市应急避护活动。

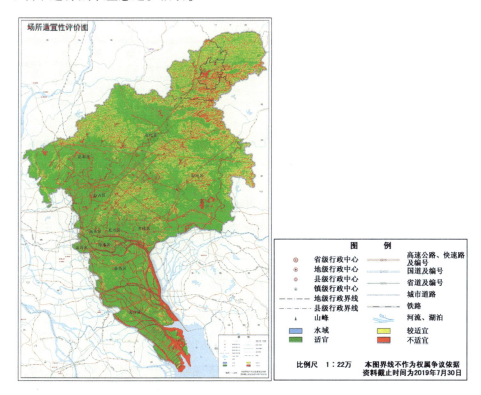

图2-8　应急避护场所用地综合适宜性评价图

［审图号：粤 AS(2022)017 号］

对应急避护场所用地综合适宜性评价图与可用资源适宜性评价结果图（图2-9）综合分析，选取出适宜、较适宜、不适宜的避护空间，为布局选点提供依据。

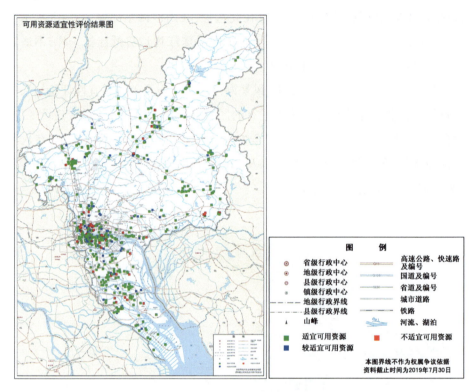

图2-9　可用资源适宜性评价结果图

［审图号：粤 AS(2022)017 号］

2.3　应急避护场所布局规划

2.3.1　总体布局思路

通过对城市公共安全风险评价、城市总体规划结构、城市道路交通结构、城市避护资源分布等方面的研究，总体掌握广州市的整体应急避护格局，确定各区应急避护的主要风险与对象，用以指导各区应急避护场所建设规划。

在整体应急避护格局的指导下,结合各区的避护人口需求、应急避护资源、公共安全风险分析等因素,同时参照应急避护场所建设标准、场所用地适宜性评价的分析结果,按照合理、合适的规划原则进行应急避护场所的布局。

此外,还在广州市"三规合一"的数据基础上,通过交通评价、市域规划总体统筹的研究工作,得到反馈并做出适当的修正,确保应急避护场所规划与国土空间规划一致。室内应急避护场所位于建设用地增长边界控制线以内,同时应急避护的服务半径覆盖"三规合一"的建设用地范围,使规划能满足未来城市发展的需要,最终形成完整的应急避护体系,确保全市的应急避护需求得到满足。

2.3.2　区域性应急避护场所规划

区域性应急避护场所指应对跨区域或超出事发地县(市、区)人民政府处置能力的特别重大、重大突发事件,由地级以上市统一组织、协调安置的应急避护场所。根据《广东省应急避护场所建设规划纲要(2013—2020年)》的要求,中心应急避护场所需兼备区域性应急避护场所的功能。当发生需要跨地级以上市转移安置受灾群众的突发事件时,由省有关单位统一协调使用。考虑广州市在珠三角乃至整个广东省的重要地位,应做好具有示范作用的区域性应急避护功能的避护场所的规划建设。

因此,规划的全部中心应急避护场所均需兼备区域性应急避护场所的功能,用于跨区域或超出事发地市(县、区、镇)人民政府处置能力的重大突发事件的区域性应急避护场所,具体使用时由省有关单位统一协调。

2.3.3　中心应急避护场所规划

1) 选定原则

考虑突发事件的多样性和城乡广布性,中心应急避护场所按照每50万~150万人设置一处的原则规划。根据广州市的规划人口密度分布和应急避护场所可用资源情况,规划将在全市十一个区设置一定数量的中心应急避护场所,并保证每个区最少设立一个中心应急避护场所,拥有两个以上中心应急避护场所的区域应设置一处区应急指挥中心。

2) 规划空间布局

通过梳理《广州市城市总体规划(2011—2020年)》《广东省应急避护场所建设规划纲要(2013—2020年)》等上层次规划要求以及相关职能部门调研资料和建议,最终确定规划中心应急避护场所共22处,总用地面积为3174.4公顷,有效用地面积为1219.3公顷,可容纳人口约135.5万人,占规划常住人口的7.5%。其中天河区4处,黄埔区3处,越秀区、荔湾区、海珠区、白云区、番禺区和从化区各2处,花都区、南沙区和增城区各1处(图2-10)。其中落实上层规划的应急避护场所共17处,规划新增5处。

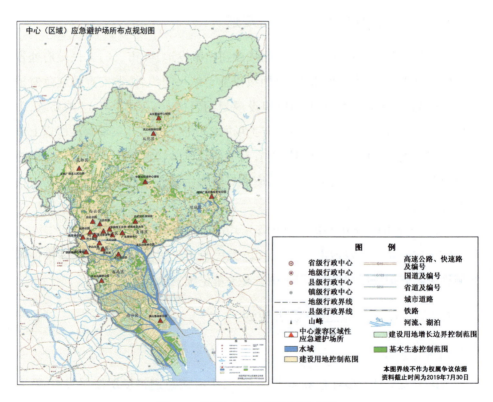

图2-10 规划中心应急避护场所分布图

[审图号:粤AS(2022)017号]

3)与"三规合一"的符合情况分析

为强化规划的可实施性,对规划的中心应急避护场所布点与"三规合一"的符合情况进行了对比评价,具体见表2-10。

中心应急避护场所规划布点与"三规合一"的符合情况　　表2-10

区　域	名　称	资源类型	"三规合一"符合情况
天河区	天河公园	绿地公园	城市生态绿地
	天河体育中心	体育场馆	建设用地
	华南理工大学-华南农业大学	教育机构	建设用地
越秀区	越秀公园	绿地公园	城市生态绿地
	烈士陵园-英雄广场	绿地公园	建设用地
荔湾区	荔湾湖公园	绿地公园	城市生态绿地
	广钢新城中心绿地	绿地公园	建设用地
海珠区	海珠湖	绿地公园	建设用地/城市生态绿地
	中山大学	教育机构	建设用地
黄埔区	白榄坑公共绿地	绿地公园	城市生态绿地
	龙头山森林公园	绿地公园	生态用地
	中新知识城中心绿地	绿地公园	生态用地
番禺区	大夫山森林公园	绿地公园	生态用地
	中心湖公园	绿地公园	城市生态绿地
南沙区	黄山鲁森林公园	绿地公园	生态用地
白云区	云台花园	绿地公园	城市生态绿地
	白云公园	绿地公园	建设用地
花都区	花都广场及人民公园	绿地公园	城市生态绿地
从化区	凤云岭森林公园	绿地公园	生态用地
	从化新城中心绿地	绿地公园	生态用地
增城区	增城广场及荔枝文化公园	绿地公园	城市生态绿地

据核查,规划的 22 处中心应急避护场所基本符合"三规合一"的规划要求,室外应急避护场所位于城市生态绿地和生态用地控制线内,保证了场所的长久保留和规划的可实施性,而室内应急避护场所要位于建设用地增长边界控制线以内。

2.3.4 固定应急避护场所规划

1)选定原则

根据广州市的规划人口密度分布和应急避护场所可用资源情况,在满足各区避护需求的前提下,尽量争取最大的服务覆盖范围,固定应急避护场所以 2000 米为服务半径,同时考虑广州市的城市主干路网格局情况及重大危险源 1000 米范围内不宜设置室外应急避护场所等不利因素,适当调整固定应急避护场所的布局,满足固定应急避护服务人口的需求,实现各个固定应急避护场所之间的便捷联系,保证市民能快速、无阻地到达。

2)城市重大危险源影响分析

根据重大危险源 1000 米范围内不宜设置室外应急避护场所的场所设置要求,通过对广州市现状重大危险源的影响范围进行 GIS 量化分析(图 2-11),明确了不宜设置固定应急避护场所的区域,为最终固定应急避护场所的设置提供了参考。

3)城市主干路网格局分析

为强化发展组团之间的交通联系,支撑城市空间的拓展,在广州市高等级道路骨架基础上,《广州市应急避护场所建设规划(2014—2020 年)》规划"二十九横、十九纵"区域性交通主干道和其他地区主次干道网络,构成完整的干道网络系统。全部干道网络系统由 21 条高速公路,43 条快速路、349 条主干道、1419 条次干道,77 个市域出入口、432 座互通立交组成。规划道路总长度 9689 千米,其中高快速道路长 2089 千米,主次干道长 7600 千米。

固定应急避护场所的规划应充分考虑场所周边的城市干道,保证应急避护场所之间的便捷联系,以便合理组织疏散救援流线,保证市民能快速、无阻地到达。

图 2-11 现状重大危险源影响区域分析图

[审图号:粤 AS(2022)017 号]

4)规划空间布局

通过整理相关职能部门调研资料和建议,最终确定规划固定应急避护场所共 367 处,总用地面积为 3081.2 公顷,有效用地面积为 1221.3 公顷,可容纳人口约 610.6 万人,占规划常住人口的 33.9%。其中越秀区 20 处、荔湾区 28 处、天河区 23 处、海珠区 26 处、白云区 45 处、花都区 36 处、番禺区 45 处、南沙区 43 处、黄埔区 37 处、增城区 45 处、从化区 21 处(图 2-12,表 2-11)。

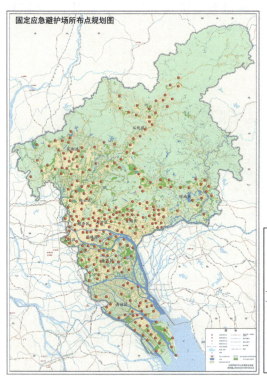
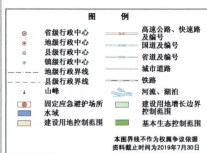

图 2-12　规划固定应急避护场所分布图

[审图号:粤 AS(2022)017 号]

广州市固定应急避护场所一览表　　　　　　　　　　表 2-11

区　域	数量 （个）	用地面积 （公顷）	有效用地面积 （公顷）	可容纳人口 （万人）
越秀区	20	169.6	69.5	34.8
荔湾区	28	131.7	68.0	34.0
天河区	23	254.8	69.9	35.0
海珠区	26	190.0	100.2	50.1
白云区	45	369.2	208.8	104.4
花都区	36	286.1	144.8	72.4
番禺区	45	261.9	107.3	53.6
南沙区	43	369.3	104.4	52.2

续上表

区　域	数量 （个）	用地面积 （公顷）	有效用地面积 （公顷）	可容纳人口 （万人）
黄埔区	37	202.4	119.1	59.5
增城区	43	659.7	158.1	79.0
从化区	21	186.6	71.1	35.5
合计	367	3081.2	1221.3	610.6

5）与"三规合一"的符合情况分析

对固定应急避护场所规划布点与"三规合一"的符合情况进行了对比评价，基本符合"三规合一"的规划要求，对规划的全部固定应急避护场所按照2000米覆盖范围进行评估，结合重大危险源1000米范围内不宜设置应急避护场所而有危险源所在单位企业负责安排固定应急避护场所的情况，应急避护的服务半径基本覆盖"三规合一"的建设用地范围，确保了规划布点能满足未来城市发展的需要。

2.3.5　紧急应急避护场所规划

1）选定原则

紧急应急避护场所应按照场所服务范围内的昼夜最大人口峰值进行设置。根据紧急应急避护场所的规划标准，全市应规划的紧急应急避护场所有效用地面积应不低于1800公顷，各区规划紧急应急避护场所的具体数量应根据地方城市规划建设情况确定，每处场所的有效用地面积应不低于0.2公顷。

2）规划要求与布局

第一，研究昼夜人口变化。由于突发事件时间的不确定性，规划紧急应急避护场所应考虑避护人员昼夜活动规律，进行昼夜人口变化分析，并按场所服务范围内的昼夜最大人口峰值即峰值人口进行配置，保证满足范围内人员的应急避护要求。

第二，确定学校、公园、广场、绿地为主要场合。紧急应急避护场所除已规划的固定应急避护场所可兼用外,还包括城市所有中小学、体育场所、社区(居住区)公园,还可以利用露天停车场、小广场、街头绿地、空地等。

第三,弹性处理紧急避护资源紧缺区域的情况。旧城区、旧厂房和旧村要通过"三旧"改造和城市更新,增加绿地、广场、停车场等开敞空间设置紧急应急避护场所。

第四,全市正在进行村庄规划编制工作的889条村庄,应根据上述要求,每村至少设置1处紧急应急避护场所。

2.3.6 室内应急避护场所规划

1)规划布局思路

室内应急避护场所相对于室外避护场所具有舒适性高、易于储存物资、用作长期避护等特点,是室外应急避护场所难以替代的。而针对广州目前面临的主要自然灾害前几项为台风、暴潮、洪涝、雷电的情况,室内应急避护场所在应对这些灾害的优势突出,规划室内应急避护场所的重要性亦尤为重要。

广州市部分行政区中的室内应急避护场所资源欠缺,结合城市空间结构、人口、交通等要素的发展变化,在安全性、可达性、可操作性的要求指导下,充分利用规划现有室内应急避护场所资源,并适当地规划潜在的室内应急避护场所。

2)选点类型

选点类型包括优先考虑和次级考虑,其中优先考虑类型包括学校、社区(街道)中心,次级考虑类型包括体育场馆、会议展览中心、条件较好的人防工程等。为确保室内应急避护场所人车流线明确、建筑功能符合避护需求等,办公楼、写字楼、一般的地下车库等不适宜用作应急避护场所。

3)室内应急避护场所规划

经整理和筛选各区提供的室内应急避护场所选点,规划室内应急避护场所共326个,有效建筑面积共425.3万平方米,可容纳约212.7万人,占规划常住人口的11.8%(图2-13)。

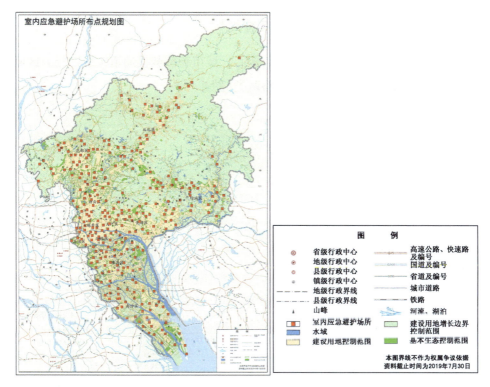

图 2-13　室内应急避护场所建设规划图

[审图号：粤 AS(2022)017 号]

2.4　拥有多种交通方式的应急交通系统规划

2.4.1　疏散救援通道选定标准

广州市应急疏散救援通道的选定主要基于五个标准：

①通行能力：道路等级及其决定的道路通行能力。

②抗震能力：道路桥梁的抗震等级。

③通行宽度：道路两侧的建筑物高度及抗震等级。

④设施连接能力：连接防灾指挥中心、应急避护场所、医疗结构、客运枢纽等主要的抗震防灾设施。

⑤对外通达能力：对外通道与周边城市道路联通。

2.4.2 陆上疏散救援通道系统规划

陆上通道是整个应急通道网络的核心。城市疏散救援通道按级别分为区域性应急避护道路和城市应急避护道路两类(图2-14)。

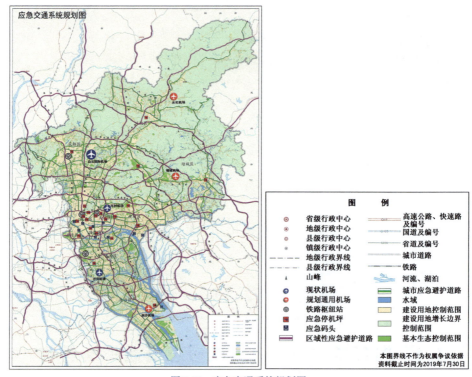

图2-14　应急交通系统规划图

[审图号:粤 AS(2022)017 号]

构建以高速公路为主的区域性应急避护道路。区域性应急避护道路是主要的救灾通道。确定广州区域性应急避护道路包括东部线路 3 条(广河高速公路、广惠高速公路、增从高速公路),东南方向线路 5 条(广深高速公路、南二环高速公路、增深快速公路、沿江高速公路、深茂公路通道),向西主要通道 9 条(佛清从高速公路、珠三环高速公路、北二环高速公路、广肇高速公路、广三高速公路、广佛高速公路、广明高速公路、南二环高速公路、深茂公路通道),向南线路 3 条(广珠西线高速公路、广珠东线高速公路、新光快速—迎宾路—南沙大道),向北主要通道 4 条(广乐高速公路、广清高速公路、华南快速干线—京珠高速公路、大广高速公路)。

构建以城市快速路和主干路为主的城市应急避护道路。城市应急避护道路根据功能可以分为疏散救援通道、备用通道和社区级疏散救援通道。疏散救援通道以城市快速路、主干路为主,道路宽度在30米以上,连接城市级疏散救援通道、中心应急避护场所和各区固定应急避护场所。备用通道以城市次干路为主,在快速路立交桥灾时倒塌影响使用时,起到非常重要的替代作用,是广州市域应急疏散救援通道的辅助路网。社区级疏散救援通道以城市次干路、支路为主,最小宽度不低于15米,用于接连紧急应急避护场所,是通往紧急应急避护场所必不可缺的道路,是受灾群众逃生的生命路。

2.4.3 空中疏散救援通道系统规划

空中通道是陆上通道的重要补充,是整个应急通道网络的重要组成部分。应急停机坪面积须保证直升机升降、悬停、消防器材的搬运、人员疏散、伤者救护、收容等诸多要求,其平面形状尺寸不宜小于直升机旋翼直径的1.5倍。一般情况下,场地面积实际满足20米×20米即可充分发挥作用。

本次结合中心应急避护场所设置22处应急停机坪,固定和室内应急避护场所中有场地具备条件的考虑增设应急停机坪,与空中应急指挥中心及其他可用机场共同构成空中应急网络。

2.4.4 水上疏散救援通道系统规划

水上疏散救援通道系统是依据广州市现状以及《广州市综合交通规划(2011—2020年)》,规划主要应急码头共10处,分别为南沙客运港、黄埔客运港、沥滘客运港、南海神庙码头、白鹤洞码头、中大码头、大学城码头、员村码头、省总码头、如意坊码头,市内其余码头可作为灾时应急码头的辅助备用。

2.5 配套设施的生命线系统规划

2.5.1 配套设施要求

参照《地震应急避难场所 场址及配套设施》(GB 21734—2008)标准,应急避难场所需要配置的设施包括：应急篷宿区设施、医疗救护与卫生防疫设施、应急供水设施、应急供电设施、应急排污系统、应急厕所、应急垃圾储运设施、应急通道、应急标志、应急消防设施、应急物资储备设施、应急指挥管理设施、应急停车场、应急停机坪、应急洗浴设施、应急通风设施、功能介绍设施共17类。结合广州市的实际情况，针对各应急避护场所类型，分别明确紧急应急避护场所、固定应急避护场所和中心应急避护场所设施配置要求。

1) 紧急应急避护场所

紧急应急避护场所应包含以下功能区及配套设施：应急集结区（无搭建帐篷，仅供群众短时间避护的露天空地）、应急发电站、应急厕所、应急指挥中心（配专线电话、对外广播设备）和应急标识。建设要求见表2-12。

紧急应急避护场所建设要求（社区、街镇级） 表2-12

序号	基本设施	紧急应急避护场所建设要求（社区、街镇级）
1	指挥场所	可临时设置
2	供水设施	选择设置供水管网、水井、蓄水池、供水车等两种以上供水设施，平时可用来浇灌花草，避护时作为生活供水
3	环卫设施	设置满足应急生活需要和避免造成环境污染的排放管线，应急排污系统应与市政管道相连接。各应急避护场所内还应设置专门的垃圾集中存放点
4	应急厕所	各应急避护场所内应根据避护人员容量，按相关卫生要求设置应急厕所，并附设或单独设置化粪池。一方面要改造广场、公园、体育场内的固定厕所，另一方面要按照卫生、防疫及景观要求，建设暗坑盖板式简易厕所，平时则为绿化草地。应急厕所应位于应急避护场所下风处，距离棚宿区30～50米
5	供电设施	设置多路保障照明、医疗、通信用电的电网供电系统或配置可移动发电机。供、发电设施应具备防触电、防雷击保护措施
6	应急棚宿区	在地势开阔、空气流通比较好的地方设立应急棚宿区，其布局要合理。平时是游人休憩和娱乐的场所，应急时，周边居民可在此区域按指定位置搭建帐篷、活动简易房供临时居住
7	物资储备及设施	应确定责任单位责任人负责预储矿泉水、食品、帐篷、衣被、工具等，必要时能用得上
8	疏散救援通道	应在不同的方向上至少设置2条疏散救援次通道 （疏散救援主通道，主要连接对外交通枢纽、对外公路以及各Ⅰ类应急避护场所，主要承担受灾人群集体撤离和转运，同时也作为主要的救援通道使用；疏散救援次通道，主要连接商住集中区域、居民集结点与各类应急避护场所，主要承担居民的就近疏散功能，作为通向应急避护场所的安全通道）

续上表

序号	基本设施	紧急应急避护场所建设要求（社区、街镇级）
9	指引标识	在应急避护场所周边、入口处设置明显指示标志，主要标志有：应急避护场所方向、距离道路指示标志，标志设置应与周围环境、景观和相关标志牌相协调
10	通信宣传设施	设置广播、有线通信等应急设施，广播系统应覆盖应急避护场所

2）固定应急避护场所

固定应急避护场所除应急集结区由应急棚宿区替代以外，在社区级应急避护场所配置标准上，设置以下功能区及配套设施：应急供水站、应急发电站、淋浴盥洗间、应急医疗区、应急物资供应区、应急消防设施、应急垃圾点、应急停车场、应急电话亭、应急标识。固定应急避护场所建设要求见表2-13。

固定应急避护场所建设要求（市、区级） 表2-13

序号	基本设施	固定应急避护场所建设要求（市、区级）
1	指挥场所	利用广场、公园、体育场等办公、会议室场所，平时负责其日常管理工作，发生大面积灾害即成为应急避护指挥中心。要求场所内要备有电话、应急广播设备、网络和应急电源接口
2	供水设施	选择设置供水管网、水井、蓄水池、供水车等两种以上供水设施，平时可用来浇灌花草，避护时作为生活供水。配置用于净化自来水成为直接饮用水的净化设备
3	环卫设施	设置满足应急生活需要和避免造成环境污染的排放管线，应急排污系统应与市政管道相连接。各应急避护场所内还应设置专门的垃圾集中存放点，并增设简易污水处理设施。应急排污系统应与市政管道相连接或设置独立排污系统。医疗卫生污水应处理达标后才可排入城市污水管网系统
4	应急厕所	各应急避护场所内应根据避护人员容量，按相关卫生要求设置应急厕所，并附设或单独设置化粪池。一方面要改造广场、公园、体育场内的固定厕所，另一方面要按照卫生、防疫及景观要求，建设暗坑盖板式简易厕所，平时则为绿化草地。应急厕所应位于应急避护场所下风处，距离棚宿区30~50米，并增设一定数量的移动式应急厕所。暗坑式厕所应具备水冲能力
5	供电设施	设置多路保障照明、医疗、通信用电的电网供电系统或配置可移动发电机。供、发电设施应具备防触电、防雷击保护措施，并增设能容纳应急发电设备的房间，准备好应急发电设备和一定数量的燃料

续上表

序号	基本设施	固定应急避护场所建设要求(市、区级)
6	应急棚宿区	在地势开阔、空气流通比较好的地方设立应急棚宿区,其布局要合理。平时是游人休憩和娱乐的场所,应急时,周边居民可在此区域按指定位置搭建帐篷、活动简易房临时居住
7	物资储备及设施	应确定责任单位责任人负责预储矿泉水、食品、帐篷、衣被、工具等,必要时能用得上。利用分布在场所附近的管理用房和配套设施,作为食品、救灾品储备和发放管理的办公用房。增加药品、医疗器械、粮食、食用油、食盐、猪肉、蔬菜、燃气等物资的预储,并确定责任单位责任人
8	疏散救援通道	应在不同的方向设置至少4条疏散救援通道
9	指引标识	在应急避护场所周边、入口处设置明显指示标志,主要标志有:应急避护场所方向、距离道路指示标志,标志设置应与周围环境、景观和相关标志牌相协调。要在各功能区设置明显指示标志,并在入口处悬挂1:1000的应急避护场所平面图及周边地区居民疏散救援通道图。增设应急供电、应急棚宿区、应急供水、应急厕所、应急停车场、应急物资供应、应急医疗救护、应急指挥场所等标志
10	通信宣传设施	设置广播、有线通信等应急设施,广播系统应覆盖应急避护场所并设置预警信息显示终端(显示屏)、应急知识宣传栏、图像监控等设施,并应保证无线通信信号覆盖应急避护场所。图像监控范围应覆盖应急棚宿区和应急避护场所内的道路。广播和预警信息显示终端(显示屏)平时播放背景音乐、广告,接收预警信息,开展应急管理宣传教育等;发生灾情时,可及时向灾民发布灾情信息,制止谣言的传播,稳定应急避护场所内的社会秩序
11	消防设施	场所内各地段均应设有消防设备。要坚持按照消防部门的要求,平时定期检修,发生灾情时立即投入使用
12	医疗卫生设施	设有临时或固定的用于紧急处置的医疗救护与卫生防疫设施。应急医疗救护站应建立在应急棚宿区附近,负责应急时对灾民的医疗救助和卫生防疫等工作。必要时再将灾民转入附近的医院和医疗机构进行治疗
13	停车场、停机坪	设置应急停车场

3)中心应急避护场所

中心应急避护场所在区级应急避护场所配置标准上,设置以下功能区及配套设施:应急指挥中心(增配对外无线通信系统、监控系统)、应急医疗站、应急物资储存处、应急消防站、应急直升机停机坪、大型应急户外显示系统、应急服务中心与应急治安维护中心(结合指挥中心设置)、娱乐设施区。中心应急避护场所建设要求见表2-14。

中心应急避护场所建设要求（市级） 表2-14

序号	基本设施	中心应急避护场所建设要求（市级）
1	指挥场所	利用广场、公园、体育场等办公、会议室场所，平时负责其日常管理工作，发生大面积灾害即成为应急避护指挥中心。要求场所内要备有电话、应急广播设备、网络和应急电源接口，增设应急服务中心
2	供水设施	选择设置供水管网、水井、蓄水池、供水车等两种以上供水设施，平时可用来浇灌花草，避护时作为生活供水。配置用于净化自来水成为直接饮用水的净化设备，并增设淋浴盥洗间
3	环卫设施	设置满足应急生活需要和避免造成环境污染的排放管线，应急排污系统应与市政管道相连接。各应急避护场所内还应设置专门的垃圾集中存放点，并增设简易污水处理设施。应急排污系统应与市政管道相连接或设置独立排污系统。医疗卫生污水应处理达标后才可排入城市污水管网系统
4	应急厕所	各应急避护场所内应根据避护人员容量，按相关卫生要求设置应急厕所，并附设或单独设置化粪池。一方面要改造广场、公园、体育场内的固定厕所，另一方面要按照卫生、防疫及景观要求，建设暗坑盖板式简易厕所，平时则为绿化草地。应急厕所应位于应急避护场所下风处，距离棚宿区30～50米，并增设一定数量的移动式应急厕所。暗坑式厕所应具备水冲能力
5	供电设施	设置多路保障照明、医疗、通信用电的电网供电系统或配置可移动发电机。供、发电设施应具备防触电、防雷击保护措施，并增设能容纳应急发电设备的房间，准备好应急发电设备和一定数量的燃料，并配备大功率移动发电车
6	应急棚宿区	在地势开阔、空气流通比较好的地方设立应急棚宿区，其布局要合理。平时是游人休憩和娱乐的场所，应急时，周边居民可在此区域按指定位置搭建帐篷、活动简易房供临时居住
7	物资储备及设施	应确定责任单位责任人负责预储矿泉水、食品、帐篷、衣被、工具等，必要时能用得上。利用分布在场所附近的管理用房和配套设施，作为食品、救灾品储备和发放管理的办公用房。增加药品、医疗器械、粮食、食用油、食盐、猪肉、蔬菜、燃气等物资的预储，实物储备一定量的帐篷、衣被、工具等，确定责任单位责任人
8	疏散救援通道	应在不同的方向至少设置4条疏散救援通道，包括2条疏散救援主通道（疏散救援主通道，主要连接对外交通枢纽、对外公路以及各Ⅰ类应急避护场所，主要承担接受灾人群集体撤离和转运，同时也作为主要的救援通道使用；疏散救援次通道，主要连接商住集中区域、居民集结点与各类应急避护场所，主要承担居民的就近疏散功能，作为通向应急避护场所的安全通道）

续上表

序号	基本设施	中心应急避护场所建设要求(市级)
9	指引标识	在应急避护场所周边、入口处设置明显指示标志,主要标志有:应急避护场所方向、距离道路指示标志,标志设置应与周围环境、景观和相关标志牌相协调。要在各功能区设置明显的指示标志,并在入口处悬挂1：1000的应急避护场所平面图及周边地区居民疏散救援通道图。增设应急供电、应急棚宿区、应急供水、应急厕所、应急停车场、应急物资供应、应急医疗救护、应急指挥场所等标志,要增设应急电话亭、应急停机坪应急服务中心等标志
10	通信宣传设施	设置广播、有线通信等应急设施,广播系统应覆盖应急避护场所并设置预警信息显示终端(显示屏)、应急知识宣传栏、图像监控等设施,并应保证无线通信信号覆盖应急避护场所。图像监控范围应覆盖应急棚宿区和应急避护场所内的道路。广播和预警信息显示终端(显示屏)平时播放背景音乐、广告,接收预警信息,开展应急管理宣传教育等;发生灾情时,可及时向灾民发布灾情信息,制止谣言的传播,稳定应急避护场所内的社会秩序,增设应急电话亭,增配对外无线通信系统
11	消防设施	场所内各地段均应设有消防设备。要坚持按照消防部门的要求,平时定期检修,发生灾情时立即投入使用
12	医疗卫生设施	设有临时或固定的用于紧急处置的医疗救护与卫生防疫设施。应急医疗救护站应建立在应急棚宿区附近,负责应急时对灾民的医疗救助和卫生防疫等工作。必要时再将灾民转入附近的医院和医疗机构进行治疗
13	停车场、停机坪	设置应急停车场,并增设停机坪,坪面平坦硬质,周围无高大建筑物,保证直升机有升空平行安全角度

2.5.2 应急转换设施要求

应急转换设施拟作为应急避护场所的新建、改建项目,是在相应项目用地规划设计的基础上增加或兼容应急避护场所设施的设置。

根据应急避护场所类型、等级和容纳避护人数来确定场所的应急转换设施设备,设施设备数量不足的应急避护场所启用前需实施应急转换并设置到位。

应急转换设施设备分为一次性土建安装到位设施设备、临时构筑设施设备、临时增添设施设备和灾时引入设施设备,各项设施设备的具体要求见表2-15。

应急转换设施设备表　　　　　　　　　　　表 2-15

序号	应急避护场所 所需设施设备	内容与要求	应急转换要求
一、一次性土建安装到位的设施设备			
1	供水设施	按人员避护区设置的供水管网、供水龙头、洗消龙头	主要共用
2	应急水源	包括应急水源(水井)、净水、滤水设施	独立设置
3	应急厕所	按每个避护场所内人数和男女比例确定的在室外构筑的简易厕所	独立设置
4	环卫设施	按应急避护场所设计要求的污水管网、污水井、化粪池	主要共用
5	通讯宣传设施	应急避护场所设置的广播线路和喇叭	主要共用
6	供电设施	指场地型应急避护场所增设的应急供电线路、配电开关、照明设备，场所避护区按平时加强设置。提供应急发电机组的配电设施	独立设置
7	应急通风排烟		主要共用
8	指挥场所	指按设计方案中指挥通信用房需安装铺设到位的有线、无线、网络接口、交换柜等	独立设置 有条件共用
9	应急监控	指应急避护场所安装铺设到位的监控线路、监控探头和相关监控设施	独立设置 有条件共用
10	消防设施	按应急避护场所灾时人数，结合平时增设	主要共用
11	指引标志	根据应急避护场所规划，结合主要通道、出入口、功能分区设置	独立设置
12	应急集结区	包括人员集散场地、物资集散场地	主要共用
二、临时构筑设施设备			
1	应急厕所维护	指应急厕所使用时的上部临时维护	灾时场所启用前保障到位
2	应急治安点	按人员避护区布置	灾时场所启用前保障到位
3	应急卫生防疫点	按人员避护区布置	灾时场所启用前保障到位
4	应急食品加工设施	确定的食品加工区增加食品加工的设施设备	有条件共用

续上表

序号	应急避护场所所需设施设备	内容与要求	应急转换要求
5	应急棚宿区	指挥、医疗救护、物资储存保障用房不足时,在室外以帐篷形式构筑的棚宿区	灾时场所启用前保障到位
三、临时增添设施			
1	流动厕所	由环卫部门提供	灾时场所启用前保障到位
2	应急发电机组	由电力部门提供	灾时场所启用前保障到位
3	应急生活用品	由民政部门提供	灾时场所启用前保障到位
4	应急交通设备	由交通部门提供	灾时场所启用前保障到位
四、灾时引入设施设备			
1	应急指挥设施设备	指灾时指挥通信必要的全套指挥通信设施设备,包括流动指挥车	灾时场所启用前保障到位
2	应急医疗设施设备	包括抢救伤病员的全套医疗设备,包括野战医院	灾时场所启用前保障到位

2.5.3 标识系统设计

根据广东省应急办发布的"应急避险场所内道路指示标志",并参考"深圳市应急避护场所标志",广州市应急避护场所标识系统包括:应急避护场所周边道路指示标志、应急避护场所内部道路指示标志、应急避护场所功能区分指示标志。应急避护场所标识系统对应的具体指示标志设计详见下一章。

2.6 应急避护场所多重灾害适应性探讨

适应性最早出自生物学家达尔文的进化论,用于解释生物种群的进化与生存环境的相互关系,后来逐步引入到地理学、建筑学和城市规划学,强调人与自然环境、人工环境的相互适应、相互协调的关系,实现人与环境的和谐持续发展。但是,适应是具有相对性的,即适应是一种暂时的现象,而不是永久性的。当环境条件出现较大的变化时,适应就变成了不适应,有时还成为有害的甚至致死的因素。现代适应性理论也多用于理论模型研究,是指某个模型应对它所对应的实践场合变化的能力,即当实际问题发生波动时,模型是否仍然成立。

基于适应性理论,本章将适应性理论引入广州应急避护场所总体建设规划中。在本章应急避护场所总体建设规划模型中,虽然只列举了地震、洪涝和暴风潮三种灾害,但是它们具有广泛的代表性。假如有其他灾害出现时,其应急避护场所的总体规划设计完全可参考上述案例进行设计。结合适应性理论和上述地震、洪涝和暴风潮等灾害案例,广州市将来可构建满足多种灾害需求、甄别规避多种风险选址、构建适应多种灾害应急体系、打造多种应急交通方式、建设配套多种公服设施生命线系统等系统化的规划内容,实现广州应急避护场所不仅能够适应与之共生的多种空间类型,还能实现与周边环境的协调发展,以便提供灵活多变、规模充足的应急避护场所的目标。同时,上述案例模型可随着时代的发展、环境的转变、需求的升级,不断演替更新,最终实现广州居民、城市、社会、自然的和谐持续发展。

通过广州市应急避护场所总体建设规划方案的经验分析,对其他城市具有借鉴意义,各城市可结合自身灾害特点,参考本章总体建设规划设计方案,规划设计适应地方城市的应急避护场所,提高应急灾害处理效率,减少灾害带来的损失和破坏。

CHAPTER 3

第3章

应急避护场所
详细设计指引

在利用现有场地作为应急避护场所时,可以共享场地内的设施,在满足应急避护场所规范要求的同时,节约社会资源,有利于推动规划建设的落实。然而,在实际操作过程中,往往需要考虑实际的实施环境,包括环境、政策、管理等因素,才能保证规划的可操作性。如场所的规模,扣除水域、陡坡等用地后其实际的有效避护面积是否满足相关规范的要求;利用场所内现有的道路作为疏散救援通道,是否符合抗灾的设计要求;按不同等级的应急避护场所管理及配套设施的选择,与场地内的现有配套设施如何共享做到"平灾结合";标识系统有效传达信息的同时,如何与现有场地环境融合设计。

为实现应急避护场所实际建设的可操作性,本章拟通过明确不同类型和不同等级应急避护场所的建设内容体系,提出内容体系中各要素的建设要求,并根据各类别应急避护场所的要求给出应急避护场所的标准设计,包括平面示意图及交通流线设计参考图,以指导各区进行应急避护场所的详细建设工作,进一步规范和指导应急避护场所的建设实施,确保应急避护场所的功能与质量。

3.1 详细设计的内容与原则

3.1.1 设计内容

应急避护场所主要包括中心应急避护场所、固定应急避护场所、紧急应急避护场所、室内应急避护场所四大类,详细设计涉及可避护人口、避护功能布局、场地设置与服务半径、疏散救援通道、应急交通组织、管理及配套设施、标识系统、场所标准设计等内容。

3.1.2 设计原则

1) 对接上层规范,建立全面体系

在现有城市应急避护场所建设规划的基础上,对接相关国家、省、市应急避护场所类规范,建立全面的应急避护场所指引体系。

2)掌握本地实际,借鉴先进经验

以人为本,同时基于广州应急避护场所建设现状,参考借鉴国内外先进经验,转化为符合本地实际和要求的经验操作。

3)充分协调各方,保证项目实施

指引制定的前、中、后期各个阶段与相关部门充分协调衔接,提高指引的可实施性。

4)远近期限结合,阶段落实目标

根据实际情况将目标分解到不同阶段,远近结合,在实施过程中分阶段修正及落实。

根据上述四条原则,针对中心、固定、紧急和室内四种类型的应急避护场所制定相应的详细设计指引,指导城市应急避护场所的具体建设实施。

3.2　场地设置与服务半径设计指引

中心应急避护场所需兼具区域性应急避护场所的功能。区域性应急避护场所为发生跨地级市间的重大突发事件而需转移的受灾群众提供安置,并由省有关单位统筹使用,可安置受灾人员 7 天以上。

固定应急避护场所是城乡居民较长时间(通常为 3 天以上)避护和进行集中性救援的场所,可兼作紧急应急避护场所,可安置受灾人员 4~7 天。

紧急应急避护场所是城乡公众和厂矿区人员就近紧急疏散和临时安置(通常为灾害发生前后 3 天内)的临时性场所,也是受灾人员集合并转移到固定应急避护场所的过渡性场所。临时、就近避护,可提供 3 天以内受灾人员安置。紧急应急避护场所应按照场所服务范围内的昼夜最大人口峰值进行设置。

室内应急避护场所适用于自然灾害中的气象灾害(如台风、暴雨和高温、冰冻、寒潮的避暑避寒等)、地质灾害、核事故及其他需要室内避护的突发事件发生时,受灾人员的紧急疏散和临时安置。

3.2.1 规模和服务半径

中心应急避护场所的有效面积不小于10公顷,人均避护面积不小于9平方米/人。区域性应急避护场所服务半径在10千米以内,中心应急避护场所服务半径在5~10千米之间。

长期固定应急避护场所有效面积应在5~20公顷之间,服务半径在1.5~2.5千米之间;中期固定应急避护场所有效面积应在1~5公顷之间,服务半径在1.0~1.5千米之间;短期固定应急避护场所有效面积应在0.2~1公顷之间,服务半径在0.5~1千米之间;最低标准需满足市民灾后3天以上避护需求,人均避护面积均不小于2平方米/人。

紧急应急避护场所满足市民灾害发生前后3天以内避护需求,有效面积不小于0.2公顷,人均避护面积不小于1平方米/人,服务半径不大于0.5千米。

室内应急避护场所人均避护面积不小于2平方米/人,有效建筑面积不小于2000平方米;可有效保证物资储备,满足联络、医疗、救援需要;周围安全地域宽度不小于30米;服务半径在1.5~2千米之间。不同类别应急避护场所规划标准对比参见表3-1。

应急避护场所规划标准　　　　　　　　　　表3-1

级别		项目				
		有效避护面积（公顷）	疏散距离（千米）	避护人口规模（万人）	责任区服务用地规模（平方千米）	责任区服务人口规模（万）
中心应急避护场所		一般大于10公顷,20公顷以上较为合理	5.0~10.0	不限	7.0~15.0	5~20
固定应急避护场所	长期	5.0~20.0	1.5~2.5	1.00~6.40	7.0~15.0	5~20
	中期	1.0~5.0	1.0~1.5	0.20~2.00	1.0~7.0	3.0~10.0
	短期	0.2~1.0	0.5~1.0	0.04~0.50	0.8~2.0	0.2~3.0
紧急应急避护场所		0.2	0.5	根据城镇规划建设情况确定		
室内应急避护场所		0.2	1.5~2	根据城镇规划建设情况确定		

3.2.2　场地安全要求

应急避护场所内建筑设计需满足现行国家标准《建筑抗震设计规范》(GB 50011)规定的抗震设防要求。场地设计的坡度要求参考《地震应急避难场所场址及配套设施》(GB 21734—2008)中提到坡度大于7度的场地不属于应急避护有效面积。坡度大于7度的区域确需用作有效避护空间使用,需对自然地形进行工程处理,通过采用平坡、台阶或混合式工程处理,形成适用于搭建帐篷及临时建筑等应急避护功能使用。应急避护场所内无障碍设计需按照《城市道路和建筑物无障碍设计规范》(JGJ 50—2001)的规定设置。

3.3　疏散救援通道设计指引

3.3.1　通道布局规划

中心应急避护场所在不同的方向上至少要设置4条疏散救援通道。具体要求为:应急避护场所对接医院、消防站、应急指挥中心、对外交通枢纽等特殊公共设施,至少与一条或一条以上避护主通道或避护次通道连接。疏散救援主通道宽度应大于15米,次通道应大于7米。

固定应急避护场所应在不同的方向至少设置4条疏散救援通道。具体要求为:疏散救援主通道主要连接对外交通枢纽、对外公路以及中心应急避护场所,主要承担受灾人群集体撤离和转运,同时也作为主要的救援通道使用;疏散救援次通道主要连接商住集中区域、居民集结点与各类应急避护场所,主要承担居民的就近疏散功能,作为通向应急避护场所的安全通道。疏散救援主通道宽度应大于15米,次通道应大于7米。

紧急应急避护场所和室内应急避护场所应在不同的方向上至少设置2条疏散救援次通道(避护支路为主)。紧急应急避护场所四周具有宽度不小于7米的道路,且疏散救援通道宽度不小于3米。

室内应急避护场所周边的疏散救援通道宽度应不小于15米。

为保证两侧建筑物受灾倒塌的情况下,避护通道通行宽度仍能满足需求,通道两侧建筑高度的 1/2 应小于相应的建筑退让红线距离。

3.3.2 出入口设置

中心应急避护场、固定应急避护场所应至少有不同方向的 2 个入口和 2 个出口，人员出入口与车辆出入口应分开。出入口应当方便残疾人、老年人和车辆的进出。另外，中心应急避护场所出入口所在道路不宜设置中间分隔，为应急避护人员提供过街的便利性。

紧急应急避护场所应有不少于 2 个不同方向的出入口，便于人员和车辆进出。

室内应急避护场所应至少有不同方向的 1 个入口与 1 个出口。

3.4 管理及配套基础设施设计指引

3.4.1 中心应急避护场所

本书在《广州市应急避护场所建设规划（2014—2020 年）》中对中心应急避护场所设置的 13 类设施基础上进行优化细化，最终中心应急避护场所共需配套包括指挥场所、应急棚宿区、应急物资供应区等共 17 类配套设施。

各类设施的具体配套标准考虑了当前国家的相关标准、其他先进城市的建设经验等因素，结合广州的实际情况提出了中心应急避护场所的配套设施建设标准（表 3-2）。

中心应急避护场所的配套设施建设要求　　　　表 3-2

序号	设　施	功能配套	建　设　要　求
1	指挥场所	监控与指挥系统、广播系统、通信系统	室内占地面积不小于 200 平方米；室外（搭建帐篷）占地面积不小于 100 平方米
2	应急棚宿区	空旷、平坦、易辨识的场地	最低面积不小于 500 平方米，实际面积按人均 2 平方米核算；帐篷间距设计按门对门间距 2 米，门对墙间距 1.5 米

续上表

序号	设施	功能配套	建设要求
3	应急物资供应区	易辨识的场地	占地面积不小于100平方米
4	物资储备及设施	库存帐篷、板房材料及工具,食物、药品、消防器材、照明设备,通信设施	固定室内地点。粮食储存标准为500~900克/(人·日),且粮食的存放期不应超过5年
5	消防设施	消防栓	划定区域占地面积不小于100平方米,按灭火用水量不低于10升/秒,火灾持续时间不少于1小时配置;间距不超过120米
6	供电设施	配备有便携式发电机组(连续供电时间应不小于6小时),并储备有燃料;接入2路或以上供电线路	(1)固定室内地点;(2)人均照明用电量为40瓦时/天;(3)医疗、通信等设施用电量按单位建筑面积负荷100瓦时/(平方米·天);(4)满足平时一级负荷、消防负荷和不小于50%的正常照明负荷用电需要
7	供水设施	饮用水点、水龙头	(1)水量:紧急救灾期间为4~6升/(人·天),应急恢复期为10~30升/(人·天);(2)设置:独立供水处占地10平方米,饮水点按100人设置一个水龙头,200人设一个饮水点,饮水点之间距离不大于500米
8	医疗卫生设施	收治、救助伤员,及时转运伤病员,完成本场所内的卫生防疫功能	固定场所,按20~50个床位设置,占地面积不小于1600平方米
9	应急厕所	公厕、洗漱间	(1)按每1000人设置1处公厕;间距不小于300米,设于下风向;(2)远离棚宿区30米以上,且不远于50米;(3)单独公厕占地面积不小于20平方米,设10个蹲位
10	淋浴盥洗间	淋浴用水量一次按20~50升/次;每个洗浴位服务人数不应超过150人(《防灾避护场所设计规范》)	(1)每个洗浴位服务人数不应超过150人;(2)淋浴用水量一次按20~50升/次;洗漱间合设占地面积不小于50平方米

续上表

序号	设施	功能配套	建设要求
11	停车场	按专业救灾队伍场地面积标准,不应小于3000平方米(《防灾避护场所设计规范》)	根据需求设施专业救灾队伍场地,按照以下标准设置:小型车30~40平方米/台;轻型车40~50平方米/台;中型车50~80平方米/台;大型车80~120平方米/台;救援人员3平方米/人
12	通信设施	电话亭设施	1%的固定电话(有线或者无线方式)通信比例,每个点1米×1米
13	环卫设施	垃圾桶、箱、车	移动式垃圾点、服务半径70米
14	排污设施	接入城市污水管,基本生活污水集水池(有条件的应急避护场所均需设置)	接入城市污水管,有条件的应急避护场所均需设置基本生活污水集水池,有效容积应大于避护场所开放3天产生的全部污水量的1.25倍
15	指引标识	1:2000的应急避护场所平面图与周边地区居民疏散图	按现行《道路交通标志和标线》(GB 5768)要求具体执行
16	停机坪	结合集结区设置;直升机使用区宜设置夜间使用的照明装置,并设置着陆区界限灯、障碍灯,灯之间的间距不应大于3米。(圆形起降坪周边不应少于8个,矩形起降坪每边不得少于5个。导航灯应设置在起降坪的两个方向上,每个方向不应少于5个,间距为0.4~0.6米。泛光灯设在起降坪与导航灯相反的方向上)	(1)40米×50米;(2)直升机使用区宜设置夜间使用的照明装置,并设置着陆区界限灯、障碍灯,灯之间的间距不应大于3米;(3)任何方向总坡度不得超过3%,任何部分的局部坡度供1级直升机使用时不得超过5%,供2、3级直升机使用时不得超过7%
17	大型应急户外显示系统	结合集结区设置	根据实际情况安排

3.4.2 固定应急避护场所

固定应急避护场所共需配套包括指挥场所、应急棚宿区、物资储备及设施等共 14 类配套设施。各类配套设施的具体标准和要求见表 3-3。

固定应急避护场所的配套设施建设要求　　　　表 3-3

序号	设　施	功　能　配　套	场地设置要求
1	指挥场所	监控与指挥系统、广播系统、通信系统	临时设置：室内占地 200 平方米，室外（搭建帐篷）占地面积不小于 100 平方米
2	应急棚宿区	空旷、平坦、易辨识的场地	面积不小于 200 平方米；对于公园、绿地类场所，场所内花卉、草地等绿化设施应结合棚宿要求进行设置
3	物资储备及设施	库存帐篷、板房材料及工具，食物、药品、消防器材、照明设备、通信设施	在固定室内场所存放；粮食储存标准为 500~900 克/（人·日），且粮食的存放期不应超过 5 年
4	消防设施	室外消防栓、供水管网、其他消防取水设施	划定区域，占地面积不小于 100 平方米
5	供电设施	配备有便携式发电机组（连续供电时间应不小于 6 小时），并储备有燃料；接入 2 路或以上供电线路	固定室内地点；人均照明用电量为 40 瓦时/天；医疗、通信等设施用电量按单位建筑面积负荷 100 瓦时/（平方米·天）；满足平时一级负荷、消防负荷和不小于 50% 的正常照明负荷用电需要
6	供水设施	人均 50 升/（人·天），其中饮用水 3 升/（人·天）	独立供水处占地 10 平方米，饮水点按 100 人设置一个水龙头，200 人设一个饮水点，饮水点之间距离不大于 500 米
7	医疗卫生设施	提供基本的医疗救护，组织将伤员转至医疗服务中心，并负责本场所卫生防疫工作	固定场所，占地面积不小于 100 平方米
8	应急厕所	按每 1000 人设置 1 处公厕	间距不小于 300 米，设于下风向；远离棚宿区 30 米以上，且不远于 50 米；单独公厕占地面积不小于 20 平方米，设 10 个蹲位，洗漱间合设占地面积不小于 50 平方米

续上表

序号	设施	功能配套	场地设置要求
9	淋浴盥洗间	淋浴用水量一次按20~50升/次;每个洗浴位服务人数不应超过150人(《防灾避护场所设计规范》)	洗漱间合设占地面积不小于50平方米
10	排污设施	接入城市污水管,基本生活污水集水池(有条件的应急避护场所均需设置)	接入城市污水管,有条件的应急避护场所均需设置基本生活污水集水池,有效容积应大于避护场所开放3天产生的全部污水量的1.25倍
11	停车场	结合出入口位置进行布置停车位;优先为医疗、消防等服务车辆服务;按专业救灾队伍场地面标准,不应小于3000平方米(《防灾避护场所设计规范》)	小型车30~40平方米/台;轻型车40~50平方米/台;中型车50~80平方米/台;大型车80~120平方米/台;人员3平方米/人
12	通信设施	1%的固定电话(有线或者无线方式)通信比例	根据实际情况安排
13	环卫设施	服务半径70米	移动式垃圾收集点
14	指引标识	1:1000的应急避护场所平面图与周边地区居民疏散图	按现行《道路交通标志和标线》(GB 5768)要求具体执行

3.4.3 紧急应急避护场所

紧急应急避护场所共需配套包括指挥场所、应急棚宿区等共4类配套设施。各类设施的具体配套标准和要求见表3-4。

紧急应急避护场所的配套设施建设要求　　表3-4

序号	设施	功能配套	场地设置要求
1	指挥场所	为本场所服务,组织灾民有序安置,物资收集与分配,应急服务站[医疗、食物、饮水(按人均日饮水量为4~5升提供饮水物资)、生活协助、消防器材、照明设备、一般使用工具]	临时设置:室内占地200平方米,室外(搭建帐篷)占地面积不小于100平方米
2	应急棚宿区	空旷、平坦、易辨识的场地	占地面积不小于200平方米

续上表

序号	设　施	功　能　配　套	场地设置要求
3	供电设施	人均照明用电量为40瓦时/天；医疗、通信等设施用电量按单位建筑面积负荷100瓦时/(平方米·天)	移动式发电设施(面积大小取决于设施)
4	应急厕所	按每1000人设置1处公厕	间距不小于300米，设于下风向；远离棚宿区30米以上，且不远于50米；单独公厕占地面积不小于20平方米，设10个蹲位，洗漱间合设占地面积不小于50平方米

3.4.4　室内应急避护场所

室内应急避护场所共需配套包括指挥场所、物资储备及设施等共9类配套设施。各类设施的具体配套标准和要求见表3-5。

室内应急避护场所的配套设施建设要求　　　　表3-5

序号	设　施	功　能　配　套	场地设置要求
1	指挥场所	服务、广播、图像监控、有线通信、无线通信	大于50平方米
2	物资储备及设施	食品、被褥及简单日用品，食品储存标准为400~900克/(人·日)，饮用水为3升/(人·日)	50平方米/千人，80~100平方米
3	应急厕所	设置排风设施，10个厕位/千人，面积可以考虑20平方米/千人	距离小于100米
4	环卫设施	—	5~10平方米
5	医疗卫生设施	清理包扎、注射配药、等待转运等简单医疗救护活动	15~20平方米
6	供水设施	饮水点按100人设置一个水龙头，200人设一个饮水处	每个饮水处建筑面积5~10平方米

续上表

序号	设施	功能配套	场地设置要求
7	淋浴盥洗间	淋浴用水量一次按20~50升/次；每个洗浴位服务人数不应超过150人（《防灾避护场所设计规范》）	建筑面积不小于50平方米
8	供电设施	宜按二级及以上负荷供电，多路供电，同时配应急发电机和蓄电池	用电负荷一般需几十千瓦/千人，独立设置的发电机房用地面积可按20平方米考虑
9	指引标识	1：1000的应急避护场所平面图与周边地区居民疏散图	按现行《道路交通标志和标线》（GB 5768）要求具体执行

3.5 标识系统设计指引

3.5.1 标识系统分类与设计内容

避护场所标识系统按所在位置可分为场所内部的指示标志和场所周边的指示标志；按主要作用又分为引导标识和标志板两类。

1) 场所周边标识

以引导标识为主，各类应急避护场所要求如下：

中心应急避护场所的引导标识主要设置在避护场所周边10千米的主要道路上，并在城市道路交叉入口处设置区域位置指示牌，指明各类设施位置、方向以及相关重要避护通道。

固定应急避护场所的引导标识主要设置在避护场所周边1~1.5千米的主要道路上，并在城市道路交叉入口处设置区域位置指示牌，指明各类设施位置和方向。

室内应急避护场所的周边500米的城市道路交叉入口处应设置区域位置指示牌,指明各类设施位置和方向。

2）场所内部标识

内部标识以标志板为主,具有指示性。各类应急避护场所要求如下：

中心应急避护场所标识主要服务于指挥场所、应急棚宿区、应急物资供应区、物资储备及设施、消防设施、供电设施、供水设施、医疗卫生设施、应急厕所、淋浴盥洗间、停车场、通信设施、环卫设施、排污设施、指引标识、停机坪、大型应急户外显示系统等设施。

固定应急避护场所主要标识对象包括应急集结区、应急综合服务中心、应急物资供应区、应急消防设施、应急发电站、应急供水站、应急医疗区、应急厕所、淋浴盥洗间、应急停车场、应急电话亭、应急垃圾点、应急标识等。

室内应急避护场所主要标识对象包括指挥场所、物资储备及设施、应急厕所、环卫设施、医疗卫生设施、供水设施、淋浴盥洗间、供电设施。

内部标识用于划分、标识功能区与生活配套设施的区域、位置。在每个场所出入口附近布置说明设施功能布局,辅以引导标识;避护场所内部道路的分支点（设在十字路口交叉点的正面）按需设置。

3.5.2　标识设置要求

1）基本要求

（1）在场所出入口等位置设置场所功能演示标志板,标明避护场所适用的灾害类型、所承担的主要功能、设施位置、行走路线、内部区划图。

（2）应急避护场所标志应设置在醒目地方,使居民容易看到。

（3）在城市道路交叉入口处设置区域位置指示牌,指明各类设施位置和方向。

（4）在不宜避护人员进入或接近的区域或建筑安全距离附近,应设置相应的警示标志牌。

（5）宿住区入口处应设置说明区内分区编号及位置的标识牌。

（6）反光材料选用最高级别的反光膜。

(7) 如有条件,备用可移动标识牌作为临时补充。

(8) 室内避护场所标识主要为依附于室内建筑的标志板,或利用墙体改造的标识图。

(9) 由于室内避护场所多为体育馆、人防工程,因此,应结合工业美学将标识尽量凸显,提高可识别性,强化美观性。

2) 标识设置要求

由于中心应急避护场所建设规模较大,场所内道路交叉口或路边应设置一定数量的引导性标识牌,便于引导场所内部交通;标识内边缘距路面或者土路肩边缘不得小于25厘米;场所外标识安装在门架上并与交通标志结合设置,标识下缘距路面的高度,至少按该道路规定的净空高度设置。

固定应急避护场所标识内边缘距路面或土路肩边缘不得小于25厘米。标识牌下缘距路面的高度在100～250厘米为宜;标识中心内容高度在170～200厘米之间。

室内应急避护场所标识内边缘距路面或土路肩边缘不得小于25厘米;标识牌下缘距路面的高度在100～250厘米为宜;标识中心内容高度为150厘米。

3) 设计要求

标识的图形、图案、颜色应与城市标识统一。目前国内大多数的应急避护场所标识系统的设计只满足了提供视觉导向的基本功能性,并未考虑标识本身与环境的和谐统一以及其材料使用的合理性。

国外良好的应急避护场所标识系统在很好地满足了其视觉导向功能的同时,还注重标识与环境的融合统一,最终结合场所环境以合理的材料及工艺将其呈现出来。

紧急应急避护场所的标识系统要求参考固定应急避护场所标识系统设置临时标识系统。

3.5.3 标识建议式样

1) 场所周边标识式样

场所周边标识式样见表3-6,可用于应急避护场所周边道路。

场所周边标识式样 表3-6

编号	图形符号	名称	说明
3-1		应急避护场所	指示应急避护场所的方向
3-2		应急避护场所方向、距离道路指示标志(右转)	指示应急避护场所的方向和距离
3-3		应急避护场所方向、距离道路指示标志(直行)	指示应急避护场所的方向和距离
3-4		应急避护场所方向、距离道路指示标志(右转)	指示应急避护场所的方向和距离
3-5		应急避护场所方向、距离道路指示标志(直行)	指示应急避护场所的方向和距离

2）场所内部标识式样

场所内部标识式样见表3-7。

场所内部标识式样   表3-7

编号	图形符号	名称	说明
1-1	应急避护场所 EMERGENCY SHELTER	应急避护场所	在应急状态下,供居民紧急疏散、临时生活的安全场所。用于公园、公共绿地、城市广场、体育场、学校运动场等确定为应急避护场所的公共场所。在本规划其他标志中使用该符号,可采用该符号的镜像图形
1-2	应急指挥 EMERGENCY COMMAND	应急指挥	应急指挥场所
1-3	应急棚宿区 AREA FOR MAKESHIFT TENTS	应急棚宿区	应急避护场所帐篷区
1-4	应急物资供应 EMERGENCY GOODS SUPPLY	应急物资供应	救灾物资的应急供应场所
1-5	应急灭火器 EMERGENCY FIRE EXTINGUISHER	应急灭火器	应急避护场所内提供应急灭火器的地点
1-6	应急供电 EMERGENCY POWER SUPPLY	应急供电	应急情况下供电、照明的设施

续上表

编号	图形符号	名　称	说　明
1-7	应急供水 EMERGENCY WATER SUPPLY	应急供水	应急避护场所内提供饮用水的地点
1-8	应急医疗救护 EMERGENCY MEDICAL TREATMENT	应急医疗救护	提供应急医疗救护、卫生防疫的场所
1-9	应急厕所 EMERGENCY TOILETS	应急厕所	应急厕所
1-10	应急停机坪 EMERGENCY AIRFIELD	应急停机坪	应急停机坪

3.6　场所标准平面及交通流线设计指引

3.6.1　标准平面示意图

根据上述对应急避护场所的功能布局、疏散救援通道、管理及配套基础设施、标识系统的具体建设要求的阐述，形成各级应急避护场所的标准平面示意图，以便为应急避护场所的设计、建设和实施提供更具体的参考（图 3-1～图 3-4）。

图3-1 中心应急避护场所标准平面示意图

图3-2 固定应急避护场所标准平面示意图

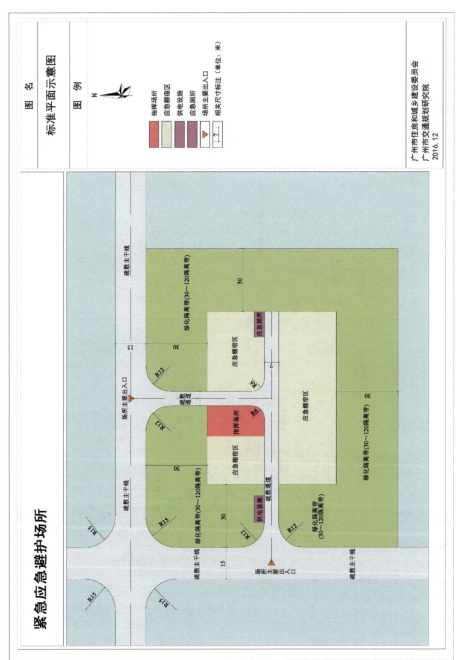

图3-3　紧急应急避护场所标准平面示意图

应急避护场所详细设计指引 **第3章**

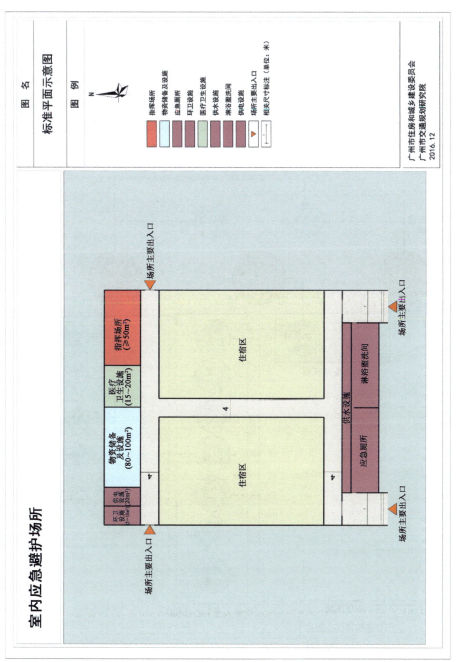

图3-4 室内应急避护场所标准平面示意图

3.6.2 场所交通流线设计

场所交通流线是人和物在建筑或场所中流动的行为轨迹,是场所功能要求的体现,也是人群和物资的抵离路线。场所交通流线设计的目的在于保证人流、车流、物流的顺畅。场所内主要活动主体包括三大类:物资、避护人群以及救援、工作人员(车队)(各级应急避护场所交通流线设计如图 3-5 ~ 图 3-7 所示)。紧急应急避护场所主要承担临时避护功能,在此不做交通流线设计。

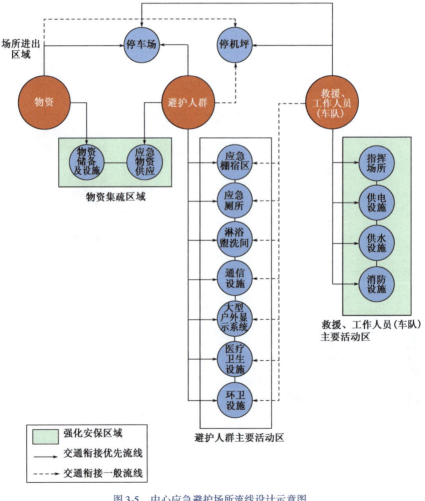

图 3-5 中心应急避护场所流线设计示意图

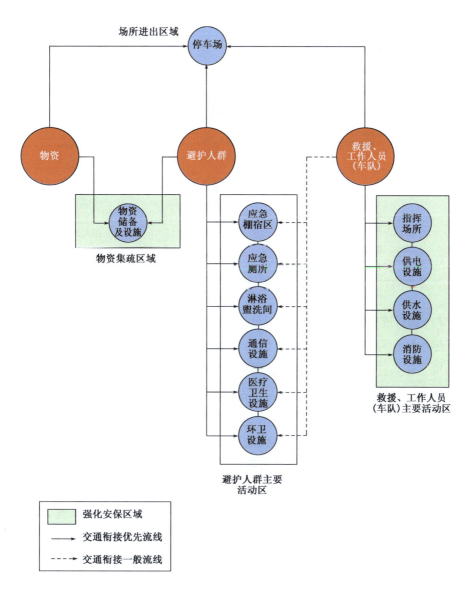

图 3-6　固定应急避护场所流线设计示意图

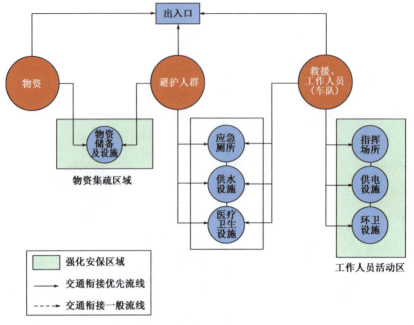

图 3-7　室内应急避护场所流线设计示意图

（1）场所进出枢纽区域

停车场作为场所的人、车进出的主要枢纽点，应强化其与物资、避护人群以及救援工作人员（车队）的交通衔接。停机坪作为外地救援、工作人员进出的主要枢纽点，应保证其与救援、工作人员活动区域的交通衔接顺畅。

（2）物资集疏区域

应急物资储备及设施与应急物资供应区是物资运输的节点，应加强安保活动，且尽量保证交通流线不被其他功能产生的交通干扰。

（3）避护人群主要活动区

应急棚宿区、应急厕所、淋浴盥洗间、通信设施、大型户外显示系统、医疗卫生设施、环卫设施是场所内避护人群的主要活动区域，除了确保其与救援、工作人员（车队）的一般联系外，还应保证整个活动区内的交通衔接流线通畅。

（4）救援、工作人员（车队）主要活动区

指挥场所、供电设施、供水设施、消防设施等作为场所内救援、工作人员（车队）的主要活动区域，应使安保活动以及区域内部交通衔接流线通畅。

CHAPTER 4

第4章

应急避护场所规划设计案例

应急避护场所规划设计面向的是具体建设实施，从规划到设计需要紧密地衔接和跟进，避免规划内容、要求在落实过程中出现"漏斗效应"，通过从规划到设计的无缝传导实现规划的建设实施。

本章分别选取广州市室外应急避护的中心应急避护场所、固定应急避护场所、紧急应急避护场所和室内应急避护场所各 1 处，包括以天河体育中心为代表的中心应急避护场所（区域性应急避护场所）、以广州私立华联大学为代表的固定应急避护场所、以新洲村德贤小学为代表的紧急避护场所、以新塘街道凌塘小学室内应急避护场所共 4 个典型案例。每个案例的介绍，将分别从避护等级、功能布局、配套设施、交通组织、标志牌设置 5 个方面进行阐述，并总结其设计建设经验。

4.1 中心应急避护场所——以天河体育中心为例

4.1.1 规划范围及等级

天河体育中心应急避护场所规划范围是由广州市天河区天河路、体育西路、天河北路与体育东路合围的区域，毗邻广州东站，位于广州市金融商业中心地带，总用地面积约为 52 公顷。

根据《广州市应急避护场所建设规划（2014—2020 年）》《广州市人民政府办公厅关于印发广州市应急避护场所建设实施方案的通知》（穗府办函〔2016〕93 号）等相关文件要求，广州天河体育中心应急避护场所属于中心应急避护场所。

4.1.2 现状分析

1）地理位置

广州天河体育中心毗邻广州东站，位于广州市金融商业中心地带，四周围绕天河城、正佳广场、万菱汇、太古汇、中信广场、维多利广场等商业组团，亦靠近珠江新城CBD区域(图4-1)。

图4-1　广州天河体育中心周边环境

(1) 周边居住分布

广州天河体育中心附近有居民密集的生活小区,如天河村、育蕾社区、南雅苑社区、华新社区、侨庭社区、天河北社区、恒怡社区、天河直街社区等。

(2) 周边公共服务设施分布

广州天河体育中心附近有大量公共服务设施,如广州体育学院、广东省国土资源厅、南方人才市场等。南面是广州仁爱天河医院、广州市第十二人民医院,北边是天河区妇幼保健院,各社区均配有卫生服务中心,可提供日常的医疗服务。

2) 交通条件

天河体育中心位于广州市天河区,地处金融商业中心地带,周边城市交通系统发达完善。北侧毗邻天河北路,南侧毗邻天河路,东侧为体育东路,西侧为体育西路,全部为城市主干道。周边道路平坦,路况良好。

3）现状可避护空间

天河体育中心的开敞空间面积较大，各主体建筑均质量良好，各类救援设施均具备一定基础，作为应急避护场所，总体基础较为完善，设施分布均衡（图4-2）。

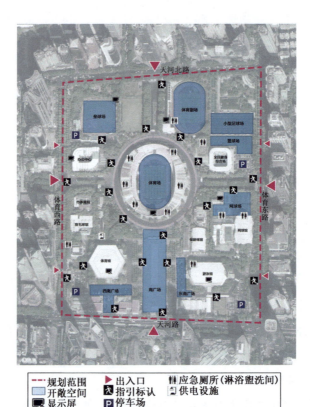

图4-2　天河体育中心应急避护场所设施分布图

综上综述，广州天河体育中心应急避护场所情况、疏散救援通道、标识系统等建设良好，管理及配套完善。

4.1.3　规划设计方案

1）可避护人口数量

依据《广州市应急避护场所建设规划（2014—2020年）》，天河体育中心可避护4.5万人。

2）功能布局及配套设施要求

由于广州天河体育中心规模较大，故进行分区避护，共分为体育副场区、篮球场区、垒球场区、网球场区、体育场区、游泳馆区、体育场7个区域（图4-3）。中心应急避护场所共需配套包括指挥场所、应急棚宿区、应急物资供应区、物资储备及设施、消防设施、供电设施、供水设施、医疗卫生设施、应急厕所、淋浴盥洗间、停车场、通信设施、环卫设施、排污设施、指引标识、停机坪、大型应急户外显示系统共17类配套设施。

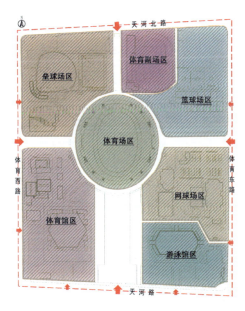

图4-3　天河体育中心分区图

下面以游泳馆区为例进行说明。

(1) 游泳区的功能布局

中心应急避护场所需兼备区域性应急避护场所的功能。区域性应急避护场所为因发生跨地级市间的重大突发事件而需转移的受灾群众提供安置场所，并由省有关单位统筹使用，可安置受灾人员7天以上。天河体育中心游泳馆区作为应急避护场所，可独立开放，功能齐备。

(2)游泳区的配套设施要求

①指挥场所。

目前,游泳馆办公区的会议室可利用。利用游泳馆办公区会议室作为应急指挥场所,一旦发生突发事件,即成为应急指挥场所。

②应急棚宿区。

目前,场所中有户外活动区。利用游泳馆西南侧广场作为应急棚宿区,能临时安置避护人口约 0.25 万人(图 4-4)。

图 4-4　游泳馆区棚宿区示意图

③应急物资供应及储备。

目前,场所中有闲置用房。利用游泳馆首层服务用房作为应急物资供应及储备场所。

④消防设施。

目前,游泳馆区现有消防配套设施较为完善,建议增设手持式灭火器 5 个,灵活使用。

⑤供电设施。

目前,天河体育中心共有两台可移动式 50 千瓦发电机,位于电房旁。按照 0.25 万人每天的用电量 100 千瓦时,无须采购应急发电机(图 4-5)。

⑥供水设施。

目前,游泳馆内配有两台直饮水机(图 4-6)。按紧急救灾期间为 4~6 升/(人·天),应急恢复期为 10~30 升/(人·天);设置独立供水处占地 10 平方米,按 100 人设置一个水龙头、200 人设一个饮水点、饮水点之间距离不大于 500

米计算,应补充应急供水水龙头设施 6 套。

图 4-5　天河体育中心应急发电机

图 4-6　游泳馆内直饮水机

⑦医疗卫生设施。

目前,游泳馆办公区内功能房较多,可设置临时医疗点。天河体育中心总医疗卫生区设置在体育场西侧恒大主场贵宾室内。

⑧应急厕所。

目前,游泳馆厕所内共有 32 个厕位。按照 1000 人/个公厕的设定标准,需公厕 3 个,目前场所内厕位数量已满足需求(图 4-7)。

图 4-7　游泳馆区应急厕所

⑨淋浴盥洗间。

目前,游泳馆内男女淋浴间(图 4-8)内各有 20 个淋浴位。按照每个洗浴位服务人数不应超过 150 人的设定标准,目前已满足需求。故仅需补充淋浴工具 10 个,用以临时备用,或在其他区域淋浴工具不足时,用以补充。

图 4-8　游泳馆内淋浴间

⑩环卫设施。

目前,游泳馆区环卫设施较为完善,垃圾桶数量较多(图 4-9),天河体育中心内有适量环卫车。

图4-9 天河体育中心环卫设施

⑪排污设施。

天河体育中心已接入城市排污系统。

⑫停车场。

目前,游泳馆区东南侧有一处停车场(图4-10)。根据需求设施专业救灾队伍场地,按照以下标准设置:小型车30~40平方米/台,轻型车40~50平方米/台,中型车50~80平方米/台,大型车80~120平方米/台,救援人员3平方米/人。当前情况已满足需求。

图4-10 游泳馆区停车场

⑬大型应急户外显示系统。

目前,游泳馆内有一块大型显示屏,但无法转移到室外棚宿区使用,故需在面向人群集聚区处补充设置大型显示屏。

3）应急交通组织

(1) 内部交通组织

①救援车队/工作人员交通组织。

车辆主要从东门、西门、北门、南门(仅在应急避护时使用，设立临时坡道)4个正门进出，通往指挥场所、物资储备及设施、供电设施、供水设施、消防设施、停机坪等区域。既能保障物资运送正常，又能保障车辆在内部流动畅顺，大大减少内部发生堵塞现象。

②避护人口交通组织。

避护人口主要从西北门、西南门、南一门、南二门、东南门、东北门6个侧门进出避护场所，通往应急棚宿区、应急厕所、淋浴盥洗间、通信设施、大型户外显示系统、医疗卫生设施、环卫设施等区域。如有老弱病残人士，可从无障碍通道进入场所。

(2) 外部交通组织

天河体育中心外部交通道路主要为体育东路、体育西路、天河路与天河北路。

由于天河路快速公交(BRT)站台及部分隔离护栏会阻碍疏散救援通道，在应急避护时，采取取消天河路与体育西路、天河北路/林和西路两个路口的隔离护栏等临时措施，保证天河路/体育西路和天河路/体育东路两个路口的通畅性。同时，为应对紧急情况，拆除体育东路、体育西路及天河路、天河北路的部分中央及两侧隔离护栏，拓宽道路，使之与周边道路更好地衔接。

4）标识牌设置要求

(1) 应急避护场所内部功能区指示标识

①功能区标示板。

内部功能区标示板具有指示性，用于划分、标识功能区与生活配套设施的区域、位置。包括应急指挥、应急棚宿区、应急物资供应、应急灭火器、应急供电、应急供水、应急医疗救护、应急厕所、应急停机坪。

②平面图标示板。

对应急避护场所的功能布局、疏散救援通道、管理及配套设施、标识系统等进行展示。天河体育中心应急避护场所标识板如图4-11所示。

图4-11　天河体育中心应急避护场所标识板示意图

③功能区引导标识。

内部功能区引导标识具有指示性,用于指引功能区与生活配套设施的区域、位置。包括应急指挥、应急棚宿区、应急物资供应、应急灭火器、应急供电、应急供水、应急医疗救护、应急厕所、应急停机坪。天河体育中心应急避护场所功能区标识实景图如图4-12所示。

图4-12　天河体育中心应急避护场所功能区引导标识实景图

(2) 应急避护场所周边道路指示标识

应急避护场所周边道路指示标识以引导标识为主,在周边主要道路交叉口(如天河路、天河北路、黄埔大道与体育东路、体育西路、广州大道、天河东路的交叉口等)及人流密集区(如广州东站出站口处等),均需设置区域位置指示牌,指明各类设施位置和方向,且应设置在醒目的地方,使居民容易看到。

4.2 固定应急避护场所——以广州私立华联大学为例

4.2.1 规划范围及等级

广州私立华联大学应急避护场所规划范围位于广州市天河区东圃小新塘合景路,总用地面积约17.7公顷。考虑到该固定应急避护场所辐射范围内的人口数量等因素,可用作固定应急避护区的面积约2.97公顷。

在规划等级方面,在《广州市人民政府办公厅关于印发广州市应急避护场所建设实施方案的通知》(穗府办函〔2016〕93号)的基础上,根据《广东省广州市天河区政府常务会议纪要》(九届33次〔2017〕25号),天河区新塘街道广州私立华联大学应急避护场所属于固定应急避护场所。

4.2.2 现状分析

广州私立华联大学作为学校,已有一定设施基础。基于《广州市应急避护场所建设指引研究》的要求,需进行应急避护场所设施的完善工作。

1) 地理位置

广州私立华联大学位于广州市天河区东圃小新塘合景路,距离新塘村委会约0.79千米,距离新塘街道办事处约0.69千米(图4-13)。

(1) 周边居住分布

广州私立华联大学东侧为新塘八社小区,东南侧为新塘九社小区,西侧为珠江嘉苑,北侧为十号院生活区,多为小区(低层为主,少量多层)。

图 4-13　广州私立华联大学周边环境

(2) 周边公共服务设施分布

广州私立华联大学东侧有新塘小学,南侧有大观学校,西南侧有沐陂小学。

2) 交通条件

广州私立华联大学地处广州天河区东圃小新塘西侧,周边城市交通系统较为完善,详见图 5-24。北侧毗邻横圳路,南侧连通合景路。周边道路平坦,路况良好(图 4-14)。

图 4-14　广州私立华联大学周边交通条件

3) 现状可避护空间

广州私立华联大学内目前主要用地为操场、教学楼等,地质条件良好,地形平坦。北侧为操场,可作为避护空间使用。

4.2.3 规划设计方案

1) 可避护人口数量

广州私立华联大学约 2.79 公顷可作为固定应急避护空间使用,按 2 平方米/人的人均避护面积要求,可避护人口数量约为 1.4 万人。

2) 功能布局及配套设施要求

固定应急避护场所需配套包括指挥场所、应急棚宿区、供电设施、物资储备及设施、消防设施、供水设施、医疗卫生设施、应急厕所、淋浴盥洗间、环卫设施、医疗卫生设施和指引标识共 11 类配套设施。

固定应急避护布局是用于城乡居民较长时间(通常为 3 天以上)避护和进行集中性救援的场所,可兼作紧急避护场所,可提供 3~7 天受灾人员安置服务,其功能布局主要如下:

(1) 指挥场所

规划利用私立华联大学 8、9 楼办公室中的会议室作为应急指挥场所,一旦发生突发事件,即成为应急指挥场所。

(2) 应急棚宿区

规划利用私立华联大学的操场作为应急棚宿区,能临时安置避护人口数量约 1.4 万人。

(3) 物资储备及设施

规划利用私立华联大学的体育器材室作为物资储备及设施存放地。

(4) 消防设施

目前场所内配有相应消防设施。规划利用私立华联大学现有的消防设施。

(5) 供电设施

目前场所内有一台 50 千瓦的发电机。规划利用私立华联大学现有的供电设施,依照人均照明用电量为 0.04 千瓦时/天的标准,1.4 万人一天的使用总电量 560 千瓦时,现有发电机已满足要求。

(6) 供水设施

目前场所内每层教学楼都有直饮水机。规划利用私立华联大学现有的供水设施,依照独立供水处占地 10 平方米、每 100 人设置一个水龙头、饮水点之间距离小于或等于 500 米的标准,现有供水设施已满足要求。

(7) 应急厕所

目前场所内教学楼每层都有公用厕所。按照公厕 1000 人/个的设定标准,需 14 个公厕,按现有公厕数量,已满足要求。

(8) 淋浴盥洗间

目前场所内在女更衣室、学生宿舍楼都有淋浴盥洗间。按照每个洗浴位服务人数不应超过 150 人的设定标准,已满足要求。

(9) 环卫设施

目前场所内有多个垃圾桶,已满足要求。

(10) 医疗卫生设施

目前场所内无医务室,可临时在教学楼内设置功能室。

(11) 指引标识

目前场所内现无应急标志牌,还需要增补 16 个场所周边标识牌、2 个应急避护场所平面图和 16 个功能标识牌。

3) 应急交通组织

在发生突发事件后,由外围进入的人员应根据指引标识及工作人员的指示正确使用避护场所,本着人车分流、市民就近避险的总体原则,使人流、车流、物流保持协调与顺畅,具体交通组织情况如下:

(1) 救援车队/工作人员交通组织

车辆主要从位于规划范围南侧的出入口进出,此出入口毗邻小区路、连通合景路,可通往指挥场所、物资储备及设施、应急棚宿区、供电设施、供水设施等区域。通过此出入口进出,既能保障物资运送正常,又能保障车辆在内部流动畅顺,减少拥堵。

(2) 避护人员交通组织

避护人员主要从规划范围北侧的出入口进出避护场所,此出入口毗邻横圳路,通往应急棚宿区、应急厕所、淋浴盥洗间、医疗卫生设施、环卫设施等区域。如有老弱病残人士,可从无障碍通道进入场所。

4) 标识牌设置要求

(1) 应急避护场所内部功能区指示标识

①功能区标志板。

内部功能区标志板具有指示性,用于划分、标识功能区与生活配套设施的区域、位置。包括应急指挥、应急棚宿区、应急物资供应、应急灭火器、应急供电、应急供水、应急医疗救护、应急厕所、应急停机坪。

②平面图标志板。

应展示广州私立华联大学固定应急避护场所的建设方案平面图。

③功能区引导标识。

内部功能区指引标识具有指示性,用于指引功能区与生活配套设施的区域、位置。包括:应急指挥、应急棚宿区、应急物资供应、应急供电、应急供水、应急灭火器、应急医疗救护、应急厕所(图4-15)。

图4-15 广州私立华联大学应急避护场所标识示意图

(2) 应急避护场所周边道路指示标识

以引导标识为主,在大观中路与华观路、沈海高速、奥体路,光宝路与光谱西路等主要道路交叉入口处及人口密集区,如十号院生活区、新塘二社生活区、沐陂工业园、珠江嘉苑等,均需设置指引标识,指明各类设施位置和方向。指引标识应设置在醒目地方,使居民容易看到。

4.3 紧急应急避护场所——以新洲村德贤小学为例

4.3.1 规划范围及等级

德贤小学紧急应急避护场所规划范围位于广州市番禺区沙湾镇新洲村德贤小学,总用地面积约 1.45 公顷,扣除道路、建筑等占地面积,考虑到该紧急应急避护场所辐射范围内的人口数量等因素,用作紧急应急避护区的面积约 0.15 公顷。

规划等级:在《广州市人民政府办公厅关于印发广州市应急避护场所建设实施方案的通知》(穗府办函〔2016〕93 号)的基础上,根据《广州市番禺区住房和建设局关于加快推进 2017 年番禺区应急避护场所设施建设工作的函》(番住建函〔2017〕1898 号),沙湾镇新洲村德贤小学应急避护场所属于紧急应急避护场所。

4.3.2 现状分析

德贤小学作为学校,已有一定设施基础。基于《广州市应急避护场所建设指引研究》的要求,需进行应急避护场所设施的完善工作。

1)地理位置

德贤小学位于广州市番禺区沙湾镇西侧新洲村龙古路附近,距离古东幼儿园约 0.72 千米,距离新洲小学约 0.9 千米,距离象骏中学约 0.96 千米。

(1)周边居住分布

德贤小学西侧为新洲村居民区,多为村住宅楼(低层为主,少量多层)。如图 4-16 所示。

(2)周边公共服务设施分布

德贤小学东侧 2.7 千米处有滴水岩森林公园,东北侧 0.26 千米处有古龙社区卫生服务站,0.41 千米处有沙湾镇古坝康园工疗站,0.72 千米处有古东幼儿园,东南侧 0.96 千米处有象骏中学。

(3)周边其他设施分布

德贤小学东南侧为福古东工业区,东北侧有宏远模具塑胶厂,东侧为美亚食品厂。

2)交通条件

德贤小学地处广州市番禺区沙湾镇西部,周边城市交通系统较为完善。规划范围东侧毗邻龙古路,北侧靠近新洲大道。周边道路平坦,路况良好。

3)现状可避护空间

德贤小学现状用地主要为操场、教学楼等,地质条件良好,地形平坦。东侧为操场,可作为避护空间使用(图4-16),面积共0.15公顷。

图4-16　德贤小学现状可避护空间情况

4.3.3　规划设计方案

1)可避护人口数量

德贤小学可用作紧急应急避护区的面积约0.15公顷,按紧急应急避护场所1平方米/人的人均避护面积要求,场所可避护人口数量约为0.15万人。

2)功能布局及配套设施要求

紧急应急避护场所是临时性的避护场所,需配套包括指挥场所、应急棚宿区、供电设施、应急厕所和指引标识共5类配套设施。具体功能如下:

(1)指挥场所

目前,场所中宿舍楼一层饭堂可利用。规划利用德贤小学宿舍楼一层饭堂作为应急指挥场所,一旦发生突发事件,即成为应急指挥场所。

(2)应急棚宿区

目前,场所中有空旷场馆体育馆。规划利用德贤小学的体育馆作为应急棚宿区,能临时安置避护人口数量约0.15万人。

(3)供电设施

目前,场所内没有应急发电机。0.15万人每天的用电量约60千瓦时,规划采购一台10千瓦的应急发电机。

(4)应急厕所

目前场所内宿舍楼内每层有一间厕所,共五层。按照公厕1000人/个的设定标准,需公厕2个,目前场所内有5个,已满足需求。

(5)指引标识

目前场所内无应急标志牌,还需要增补2个场所周边标识牌、2个应急避护场所平面图和4个功能标识牌。

3)标识牌设置要求

(1)应急避护场所内部功能区指示标识

①功能区标识板。

内部功能区标识板具有指示性,用于划分、标识功能区与生活配套设施的区域、位置。包括应急指挥、应急棚宿区、应急供电、应急厕所。

②平面图标识板。

设计并展示德贤小学紧急应急避护场所的建设方案平面示意图。

③功能区引导标识。

内部功能区指引标识具有指示性,用于指引功能区与生活配套设施的区域、位置。包括:应急指挥、应急棚宿区、应急供电、应急厕所。

(2)应急避护场所周边道路指示标识

以引导标识为主,在龙古路与新洲大道、龙古路与振业街交叉入口处均需设置指引标识,指明各类设施位置和方向。指引标识应设置在醒目地方,使居民容易看到。

4.4 室内应急避护场所——以新塘街道凌塘小学为例

4.4.1 规划范围及等级

凌塘小学室内应急避护场所规划范围位于广州市天河区凌塘村凌塘小学，总用地面积约 0.26 公顷。教学楼共五层，占地面积约 500 平方米；二层及以上可用作室内应急避护区，面积约 2000 平方米。

规划等级：在《广州市人民政府办公厅关于印发广州市应急避护场所建设实施方案的通知》(穗府办函〔2016〕93 号)的基础上，根据《广东省广州市天河区政府常务会议纪要》(九届 33 次〔2017〕25 号)，天河区新塘街道凌塘小学应急避护场所属于室内应急避护场所。

4.4.2 现状分析

凌塘小学作为学校，已有一定设施基础。基于《广州市应急避护场所建设指引研究》的最新要求，需进行应急避护场所设施的完善工作。

1)地理位置

凌塘小学位于广州市天河区华观路北侧高唐路西侧，距离新塘派出所约 1.7 千米，距离新塘社区居民委员会约 1.9 千米(图4-17)。

(1)周边居住分布

凌塘小学东北侧为凌塘村，多为村住宅楼(低层为主，少量多层)，南侧为十号院生活区。

(2)周边公共服务设施分布

凌塘小学规划范围北侧 0.34 千米处为后底山，西北侧 1.3 千米处有火炉山森林公园，西侧 1 千米处有广州市交警支队。

(3)周边其他设施分布

凌塘小学东侧 0.55 千米处有万科云，东南侧 0.8 千米处有御银科技园。

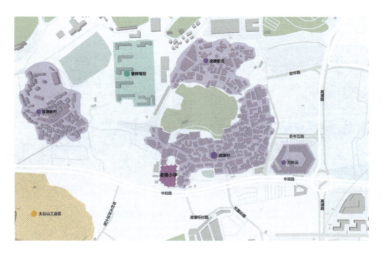

图 4-17 凌塘小学周边环境

2）交通条件

凌塘小学地处广州市天河区凌塘村，周边城市交通系统较为完善（图 4-18）。南侧毗邻华观路，西侧毗邻凌塘村环村路。周边道路平坦，路况良好。

图 4-18 凌塘小学周边交通条件

3）当前可避护空间

凌塘小学当前用地主要为教学楼、操场等，地质条件良好，地形平坦。北侧教学楼可作为室内避护空间使用（图 4-19），二层及以上室内空间可供使用，建筑面积约为2000平方米。

图4-19　凌塘小学现状可避护空间情况

4.4.3　规划设计方案

1）可避护人口数量

凌塘小学约有2000平方米可作为室内避护空间使用，按2平方米/人的人均避护面积，可避护人口数量约为0.1万人。

2）功能布局及配套设施要求

室内应急避护场所需配套包括指挥场所、物资储备及设施、供电设施、供水设施、应急厕所、环卫设施、医疗卫生设施、淋浴盥洗间和指引标识共9类配套设施。

室内应急避护场所用于需要室内避护的突发事件发生时，受灾人员的紧急疏散和临时安置。其功能布局主要如下：

（1）指挥场所

目前场所中的会议室可利用。规划利用凌塘小学会议室作为应急指挥场所，一旦发生突发事件，即成为应急指挥场所。

（2）物资储备及设施

目前场所中有功能用房。拟用饭堂、器材室作为物资储备的场所。

（3）供电设施

目前场所内没有应急发电机。0.1万人每天的用电量约40千瓦时，规划采购一台5千瓦的应急发电机。

(4) 供水设施

目前场所内教学楼每层均设有供水处,含5个水龙头、1台饮水机。按照饮水点100人设置一个水龙头、200人设一个饮水处的设定标准,目前已满足需求。

(5) 应急厕所

目前场所内教学楼每层均有一处厕所,共4间。按照公厕1000人/个的设定标准,需公厕1个,目前场所内有4个,已满足需求。

(6) 环卫设施

目前场所内设有1处垃圾收集点,教学楼每一层均设有环保箱,环卫设施完善。

(7) 医疗卫生设施

场所内教学楼二楼设有卫生室,已满足需求。

(8) 淋浴盥洗间

目前场所中未设有专用淋浴场所,规划利用厕所作为淋浴场所,增加淋浴工具2个。

(9) 指引标识

目前场所内无应急标识牌,还需要增补16个场所周边标识牌、2个应急避护场所平面图和16个功能标识牌。

3) 应急交通组织

在发生突发事件后,由外围进入的人员应根据指引标识及工作人员的指示正确使用避护场所。本着人车分流、市民就近避险的总体原则,使人流、车流、物流保持协调与顺畅,具体交通组织情况如下:

(1) 救援车队/工作人员交通组织

车辆主要从位于规划范围南侧的出入口进出,此出入口毗邻环村路、连通华观路,可通往指挥场所、物资储备及设施、供电设施、供水设施等区域。既能保障物资运送正常,又能保障车辆在内部行驶顺畅,大大减少内部堵塞。

(2) 避护人员交通组织

避护人员主要从规划范围西侧的出入口进出避护场所,此出入口毗邻环村路,通往应急厕所、淋浴盥洗间、医疗卫生设施、环卫设施等区域。如有老弱病残人士,可从无障碍通道进入场所。

4)标识牌设置要求

(1)应急避护场所内部功能区指示标识

①功能区标识板。

内部功能区标识板具有指示性,用于划分、标识功能区与生活配套设施的区域、位置。包括应急指挥、应急物资供应、应急供电、应急供水、应急医疗救护、应急厕所。

②平面图标识板。

设计并展示凌塘小学室内应急避护场所的建设方案平面图。

③功能区引导标识。

内部功能区指引标识具有指示性,用于指引功能区与生活配套设施的区域、位置。包括应急指挥、应急物资供应、应急供电、应急供水、应急医疗救护、应急厕所。

(2)应急避护场所周边道路指示标识

以引导标识为主,在华观路与高唐路、华观路与凌塘村新村大街南巷、凌塘村环村路与凌塘村新村大街南巷、凌塘村环村路与华观北六街的交叉入口处均需设置指引标识,指明各类设施位置和方向。指引标识应设置在醒目地方,使居民容易看到。

4.5 典型示范地区灾时交通模拟及应急预案

4.5.1 总体思路

典型示范地区灾时交通模拟主要以地震这一破坏性较大的自然灾害为例来检验交通疏散情况,检验典型示范场所能否满足应急安置与疏散救援需求。

仿真分析总体流程分四步,首先选定合理的示范区,然后开展应急行人特征分析及灾时供需分析,进而开展模型构建、调试及运行工作,在此基础上对仿真模拟结果进行统计分析,并指导应急预案的建立(图4-20)。

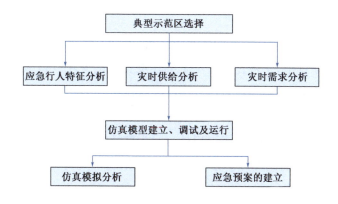

图 4-20　行人仿真模拟分析基本流程

4.5.2　行人仿真软件及应急行人特征

1) 行人仿真模拟分析软件概况

本书中采用 LEGION 行人仿真模拟分析软件,该软件具有便捷的建模操作和强大的分析功能,能对人流密度、步行时间、疏散时间、步行速度、排队长度和空间利用率进行分析,并能以动画、图形、数据和图表等方式表现出来。

LEGION 行人仿真模拟分析软件是采用元胞自动机模型,由模型构建器(Model Builder)、模拟装置(Simulator)、分析仪参数设置(Analyser)和仿真模拟(Legion 3D)共四个模块组成,该软件能够仿真模拟分析行人步行运动,并能综合考虑行人相互间的作用、行人与周围环境中障碍物之间的影响作用。每位行人被模拟成一个二维实体,每个实体朝目的地移动,通过寻找具有最小化可感知的目标费用函数来进行下一步,该费用是不便性、挫折和不舒适性的加权平均数。实体试图最小化他们可感知的组合费用,能自行学习并调整不便性、挫折和不舒适性的权重,以适应周围环境(允许空间、几何形状、密度、他人的速度)。每个实体能够区分同方向移动的行人和交叉流动的行人,能与相邻的实体通信。实体的参数需要依据当地情况进行设置和标定,包括实体的物理半径、喜好的自由速度、行人的横向摆动位移、行人空间要素、服务水平标准等。

2)大型活动行人步行特征

速度是反映行人交通特性的重要指标,也是行人交通仿真的关键指标之一。在相同的环境条件下,个体差异决定了其速度特征的变化。行人自由速度受到多方面因素的影响,包括场地条件、天气、出行目的、行走环境状况、个人性别、身体和心理状况、是否结伴等。

大型活动散场人流量大,多以户外空间为散场的场地,通过对国内外现有大型活动散场(户外)的调查样本分析,得到散场期间行人的速度分布。行人速度分布属正态分布(图4-21),横坐标为样本速度(米/秒),纵坐标为样本数量百分比。根据调查样本统计的行人速度平均值情况(表4-1),从表中可以看出,在人员构成相近的情况下,户外平地步行速度平均为1.24米/秒,下坡的平均步行速度约1.36米/秒,上下台阶时步行速度相对平地更慢。

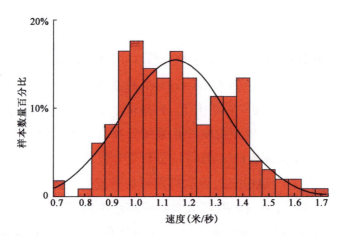

图4-21 大型活动行人散场行人步行速度分布情况

大型活动行人散场速度平均值(不同场地类别) 表4-1

序号	类别	平均速度(米/秒)	标准差(米/秒)
1	户外平地	1.24	0.25
2	户外上坡	1.19	0.22
3	户外下坡	1.36	0.23
4	户外上台阶	0.82	0.21
5	户外下台阶	0.79	0.13

3)应急疏散行人步行特征

与日常疏散相比,应急疏散有两个显著特点,一是疏散秩序难以得到保证,二是行人步行速度会有较大程度的提高。

步行速度方面,我国多个城市对行人步行速度进行了相关研究,研究发现行人步行速度受行人年龄、性别、出行目的、所在的交通设施环境有关,还与所在的行人流密度、行人流的类型有关。LEGION 软件业对行人应急疏散的特征进行了研究,本次研究结合 LEGION 软件相关参数,应急疏散行人速度分布如图 4-22 所示。

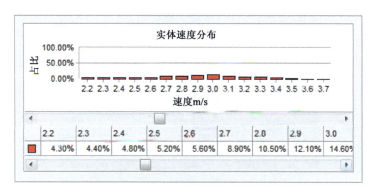

图 4-22　应急疏散行人速度分布设置

4.5.3　典型示范区选择及灾时供需分析

1)典型示范区选择

为了方便工作的开展,本次选择了一个具有典型代表作用的体育中心应急避护场所作为中心应急避护场所的案例进行分析,考虑到该避护场所的成熟度及知名度,其服务能力比其他应急避护场所略广,故本次仿真分析范围为广园快速、广州大道、黄埔大道、天河东路围合的区域。

2)示范区灾时供给

区域应急避护场所分布会影响到周边居民的路径选择,会对去往体育中心避护人员的需求产生明显影响,因此首先分析了示范区的应急避护场所供给。在整个分析区域内,共规划 6 个应急避护场所(图 4-23),总面积约 65 万平方米,灾时可提供65万人员的避护需求。在6个应急避护场所中,体育中心具有面积更大、知名度更高、吸引能力更强的特征,可辐射城市主要道路,其余5个主要是街区内部的应急避护场所(辐射范围一般为街区,对跨干道区域的辐射能力基本很低)。

图4-23　示范区应急避护场所分布示意图

在道路供给方面,地区主要道路基本可用于应急疏散,但广州大道、黄埔大道、天河东路沿线现状建设或规划有较多立交、桥梁、隧道等设施,灾时稳定性差,不利于疏散。此外,天河路快速公交(BRT)站台也对疏散具有一定干扰作用,但整体上不会对天河路的疏散产生十分明显的影响。

3)示范区灾时应急需求

应急疏散的人员主要是周边的居住人口和就业人员,但由于本次仿真地区有多个轨道站点和市级商业广场,疏散客流还应包含部分轨道客流及商业客流,即包括本区域就业人员、居住人口、各轨道站点的瞬时客流、各商业点的瞬时客流。

为了确定该区域的最不利时段(疏散人员需求最大时段),各类需求人员在本区域的时间分布特征主要体现在以下四个方面：

(1) 就业人员

在该区域的分布与作息时间密切相关，按照一般经验，8:00—17:00 基本上全部就业人员位于该区域，17:00—23:00 约 35% 的就业人员位于该区域，23:00—8:00 约 10% 的就业人员位于该区域。

(2) 居住人口

按照一般经验，7:00—17:00 约 40% 的居住人口位于该区域(60% 的人员分布于其就业点)，17:00—23:00 约 75% 的居住人口位于该区域，23:00—7:00 基本全部居住人口位于该区域。

(3) 轨道站点客流

最高峰出现在 17:00—19:00 时间段，以体育西站为例，其出行时间分布如图 4-24 所示。

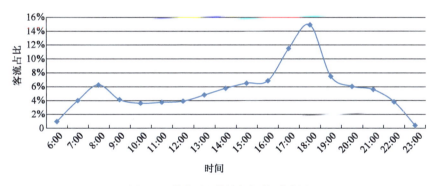

图 4-24　体育西地铁站客流时间分布图

(4) 商业客流

参考正佳广场商业客流调查数据，在商场逛街人员分布中(图 4-25)，高峰基本上位于 13:00—17:00。

根据上述各类人员时间分布特征，大约在 16:00—17:00 时间段该区域待疏散人口规模最大，为最不利时段。

根据道路分隔，结合广州人口就业统计数据，按上述要求计算得到示范区灾时总的人员疏散需求为 30.2 万人，其中往体育中心疏散人员需求约为 8.6 万人(图 4-26)。

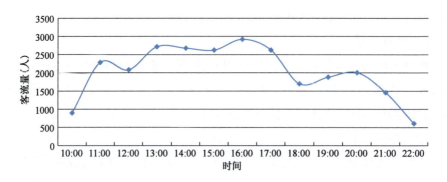

图 4-25　正佳广场人流时间分布图

图 4-26　示范区灾时人员疏散需求分布示意图

4.5.4　灾时交通仿真模型构建

应急避护场所使用时的人流仿真建模主要在 Model Builder 模块完成，主要过程如下：

第一步：仿真环境设置。

仿真环境为人流仿真的基础，相当于车流仿真中的路网，该过程可以通过导入CAD文件完成,Model Builder将CAD中的线条当成是行人不能跨越的障碍(仅当导入的层选种Simulation时)。通过对地区现状路网的处理(对BRT站台、绿化带、中央护栏进行封闭处理,使行人不能跨越该部分区域),仅留下行人边线,处理后的CAD(图4-27),将其导入Model Builder即仿真环境。

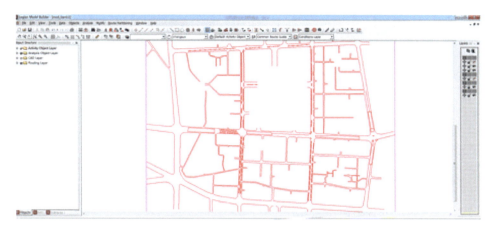

图4-27 天河体育中心应急避护场所人流仿真路网

第二步:设置实体类型(Entity Type)。

Model Builder需要对每个交通起止点(OD)对间的人流设置一个实体类型,进而设置行李大小(本次为应急仿真,行李选项为None)、实体类别(LEGION软件中有专门符合中国人特性的Chinese选项)以及行人速度(本次选择LEGION软件专为应急疏散设置的Runners项)(图4-28)。

第三步:设置出入口。

根据地区现状,在各街区的相关道路上设置人流入口(Entrance),仿真模型所有人员必须从人流入口处进入模型区域,在体育中心各门处设置行人出口(Exit),仿真人员到达出口后自动消失,退出模型区域。

第四步:导入散场需求。

根据疏散人员需求分析,将需求整理成excel格式,并保存为csv格式,导入到Model Builder中,得到相应的交通需求,并与实体类型对应(图4-29)。

第五步:设置路径。

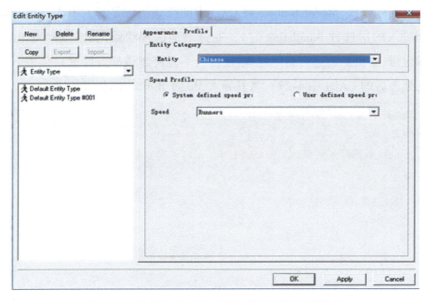

图 4-28　天河体育中心应急避护场所人流仿真实体类型

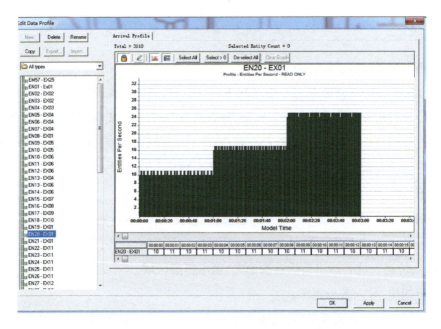

图 4-29　天河体育中心应急避护场所人流仿真需求

根据灾时疏散可能的人流交通组织方案设置各类人员的路径,在设置路径过程中,分流点和中间点需设置节点(Focal Node),然后再针对各类人员依次设置连接关系(Links)将通道(Entrance)、节点(Focal Node)和出入口(Exit)联系起来,模型设置连接关系(Links)(图4-30)。

图4-30 天河体育中心应急避护场所人流仿真模型图

第六步:模型调试校正。

将Model Builder中所建模型检查无误后导出为ora格式文件,并利用Simulator模块打开ora文件,进行仿真测试,观察仿真运行状况与实际不符的情况,找出原因,然后在Model Builder中修正,依次反复,直到调整到满意结果即完成建模过程(图4-31)。

4.5.5 灾时交通仿真结果分析及建议

1)人均有效避护面积

天河体育中心应急避护场所面积45万平方米,灾时该场所应急避护人员需求约为8.6万人,人均有效避护面积5.2平方米/人,满足相关避护需求。

图 4-31 天河体育中心应急避护场所人流仿真模型调试

2）主要通道行人密度分布

仿真结果显示，由于灾时大量人员疏散需求集中在短短几分钟内，相关疏散道路人流密度相对较高，服务水平大多维持在 D 级和 E 级，部分路段服务水平仍可达 C 级。需要说明的是，体育中心南门是人流最为集中地区，南门附近的天河路部分路段人流密度超过 2.17 人/平方米，服务水平达到 F 级，人流疏散略显拥挤（图 4-32）。

3）行人通行速度

经仿真分析，天河体育中心应急避护场所周边主要通道应急疏散时行人疏散速度可达到 3 米/秒，可满足应急行人快速疏散的要求（图 4-33）。

4）行人到达应急避护场所的时间分布

经仿真测试，大约 3 分后地区所有人员可从相应楼栋疏散到地面，人员疏散到地面后 2 分内有 58.1% 的人员可到达体育中心应急避护场所，5 分后约 97.7% 的人员到达体育中心应急避护场所，由于体育中心应急服务范围相对较广，仍有约 2.3% 的人员需要在疏散到地面后 7 分才能到达体育中心（主要为广州大道右侧的人员，疏散到体育中心距离相对较远）（图 4-34）。

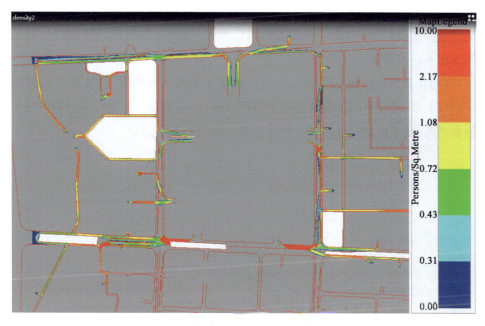

图 4-32　天河体育中心应急避护场所人流疏散密度分布图

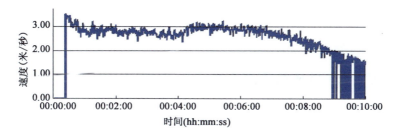

图 4-33　天河路行人疏散速度分布图

5）相关建议

（1）体育中心南门是人流活动最旺盛的地区，仿真分析也发现南门天河路沿线行人疏散人流密度最大，建议该区域应保持步行空间的连续性和平整性，日常期间应注重该地区的管理，避免应急时出行疏散道路或疏散区域出现堵塞现象，并防止疏散过程中出现安全事故。

（2）由于天河路 BRT 站台会阻碍疏散人流应急过街，建议在天河路/体育西路和天河路/体育东路两个路口取消路口的中央隔离护栏，保证行人穿越的通畅性。

（3）建议保证天河体育中心各出入口顺畅，避免应急时出现堵塞应急避护场所出入口的现象。

（4）仿真分析发现部分较远人流会疏散至天河体育中心，从而使得疏散时间超过5分，建议平时加强应急避护场所宣传，以使市民了解周边应急避护场所分布情况，便于应急时选取最近的应急避护场所和最短路径。

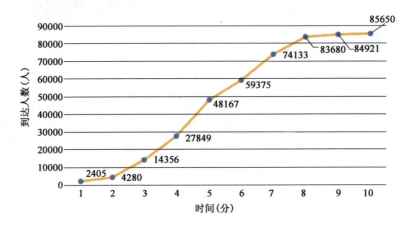

图4-34　周边人员疏散到体育中心时间分布图

4.5.6　示范区应急预案建立

1）灾时人行交通通道预案

灾时通道选择的首要条件是具有较高的稳定性，风险因素较少，能为行人提供较为可靠的通往应急避护场所的通道。据此对天河体育中心周边道路的风险等级进行划分（表4-2），以利于灾时人行通道预案的制定。

体育中心周边通道灾时风险评估　　　　　　　　　　表4-2

方　向	通道名称	风险等级	说　　明
向西	天河北路	低	无立交、隧道、桥梁，灾时道路稳定性好
	天河路	一般	向西需经天河立交，三层立交灾时节点存在一定的风险因素

续上表

方　　向	通道名称	风险等级	说　　明
向东	广园快速	一般	道路本身较宽,但在多个节点设置为立交,部分节点存在一定的风险因素
	天河北路	低	无立交、隧道、桥梁,灾时道路稳定性好
	天河路	一般	部分立交节点存在风险因素,且沿线BRT站台也是风险因素之一
	黄埔大道	高	沿线设置多个立交和下穿隧道,灾时风险较高
向北	广州大道	高	沿线多处设置桥梁、隧道和立交,灾时风险较高
	林和西路	低	无立交、隧道、桥梁,灾时道路稳定性好
	林和中路	低	无立交、隧道、桥梁,灾时道路稳定性好
	林和东路	低	无立交、隧道、桥梁,灾时道路稳定性好
	天寿路	高	沿线多个重要节点规划有跨线桥或隧道,灾时风险高
向南	广州大道	高	沿线设置多个立交和下穿隧道,灾时风险较高
	体育西路	低	无立交、隧道、桥梁,灾时道路稳定性好
	体育东路	低	无立交、隧道、桥梁,灾时道路稳定性好
	天河东路	高	沿线设置多个立交和下穿隧道,灾时风险较高

根据上述道路风险评估表,灾时黄埔大道、广州大道、天河东路不宜作为行人交通通道,同时考虑到各道路机动车数量、人行道宽度等条件,天河体育中心应急避护场所灾时应急行人通道布设如下(图4-35),该部分通道在日常应及加强管理,避免占道经营等活动。主要疏散通道具体为:

西向:通道一为天河北路—体育中心北门,通道二为天河路—体育中心南门,用于天河直街社区、天河村、天河街小区等居民疏散至天河体育中心。

北向:通道为林和西路—体育中心北门、林和中路—体育中心北门、林和西路—体育东路—体育中心东门,用于紫荆社区、天河北社区、恒怡社区居民疏散至天河体育中心。

东向：通道一为天河北路—体育中心北门，通道二为天河路—体育中心南门，用于天河北社区、侨庭社区、雅康社区、华新社区、体育东社区居民向天河体育中心疏散。

南向：通道一为体育西路—体育中心西门，通道二为体育东路—体育中心东门，用于天荣社区、南一路社区、体育西社区、体育东社区、南雅苑社区的居民疏散至天河体育中心。

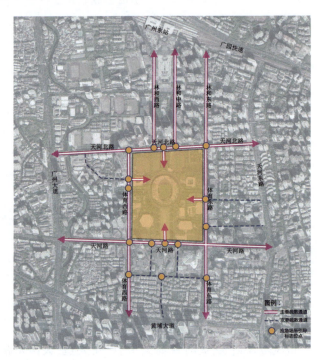

图 4-35　行人引导标识点位设置示意图

2）灾时人行交通引导预案

为加强灾时行人交通引导，在主要疏散救援通道上应设置必要的应急避护场所指示标志，指示标志应清晰明了，并设置于大型居住小区门口、相关主要通道交叉口、应急避护场所出入口，以便于应急引导（图 4-35）。

4.5.7　对其他应急避护场所启示

根据示范区仿真分析研究，其他应急避护场所应在以下方面给予关注：

（1）应急避护场所出入口是应急人流最为集中的点，出入口应尽可能宽阔平整，日常应保持通畅，避免应急时出入口堵塞及安全事故发生。

（2）应急避护场所出入口所在道路不宜设置中央物理分隔，以最大限度为受灾人员提供过街的便利性。

（3）对于外围将待开发区规划成的应急避护场所，周边规划道路红线宜从宽设置，特别是人行道应保证足够宽度，为应急避护提供必要的硬件设施。

（4）每一处大型应急避护场所都应设置应急预案。

（5）平时应做好对居民的应急宣传，以便于居民了解周边应急避护场所分布，从而在应急时能就近选择应急避护场所。

CHAPTER 5

第5章

应急避护场所实施保障机制

应急避护场所实施保障机制是应急避护场所从规划、建设、管理维护等各个环节顺利实施的重要保障。广州市应急避场所实施涉及市、区、街道办事处、村集体、大型体育场馆场所方、公园管理方等多元化的主体方。随着应急避护场所建设的不断深入推进，各方主体角色和作用也在进一步理清，逐步形成了以市级统筹协调、各方协调推进和多方参与者互动的多元主体协调下的应急避护场所实施机制。

本章从应急避护场所规划编制管理，如规划编制体系、规划审批制度、建设实施保障、日常、运行、善后管理阶段的分阶段管理制度和应急避护场所的信息化建设方面来讨论应急避护场所建设的保障与管理工作。

5.1 构建多元主体协调的实施保障机制

1) 应急避护场所规划组织编制

应急避护场所规划编制以县级以上人民政府为主导，构建规划、建设、管理无缝衔接的市、区、镇（街道）三级应急避护体系。因此，广东省各级人民政府应在《广东省应急避护场所建设规划纲要（2013—2020年）》的指导下，编制市、区、镇（街道）不同级别的应急避护场所建设专项规划。

2) 应急避护场所的建设实施

应急避护场所应根据广州市应急避护场所建设规划的总体要求、总体规划重点、应急避护场所布局规划、应急交通系统规划、生命线系统设施配套、不同区域的应急避护场所规划建设指引以及按照应急避护场所体系的标准进行建设实施。

此外，对于应急避护场所的建设，应按照不同类型的应急避护场所建设指引和应急避护场所的详细设计要求进行实施。应急避护场所作为一项非常重要的城市公益性应用基础设施，要保障其在我国现行的城市应急避护场所规划及城市基础设施建设的体制下顺利建设并实施，需要有效整合多种政府职能，如规划、主要投资、建设、应急管理等职能。除此之外,还应构建高效、各部门联动的实施机制,从根本上提高城市应急避护场所建设、实施以及运行管理的水平。

(1)建立行之有效的法律政策作为应急避护场所建设和实施的主要保障

当前,在国家针对应急避护场所颁布的法规与设计规范的基础之上,大多数城市已编制了应急避难场所规划或应急避护场所规划。这体现了各地政府对应急避护场所建设的重视程度。但应急避护场所的建设要落实,必须要建立行之有效的法律法规和严格的政策,在制定政策时要向应急避护场所的建设和实施倾斜,这就要求政府将应急避护场所的建设和实施提高到战略高度。

(2)建立多元化的资金筹措和投资渠道

在城市应急避护场所建设的过程中,应急避护场所必要的应急设备、防灾减灾设施、安全设施和物资救援等均需要大量的资金保障。除了依靠政府的财政资金投入以外,还应向日本、欧美等发达国家学习,加强社会资金的注入,形成政府投入、基金和保险参与、企业加入、慈善机构和私人捐助等多元化的投资渠道。此外,政府还应做好产业与应急避护场所结合的扶持工作,通过政府财政补贴等多样化形式来保护和促进应急避护产业的发展和落地,进而保障城市应急避护物资来源的多元化,储备更多、更全、更好的城市应急避护物品与设备。

(3)统筹建立政府管理协同机制和应急联动机制

一般来讲,当前城市的应急避护场所建设存在政府管理职能分散的情况。城市的应急避护指挥职能部门通常会设置在政府办公室,而地震防灾和减灾的日常管理性事务通常在地震管理部门,附设避护场所功能的绿地、学校和体育场所等设施性项目的计划制定、建设和实施属于对应的投资主管部门。因此,在城市应急避护场所规划已经确定的前提下,在建设和实施的过程中,应明确城市应急避护场所建设和实施的牵头责任部门,在此基础上制定与优化城市应急避护场所建设和实施的进度计划,有力且有效地推进城市应急避护场所的建设和实施。

除了城市应急避护场所的建设和实施之外,政府决策人员还应考虑在城市应急避护场所启用时政府不同部门应急联动机制的建立。当灾难发生时,尤其是跨区域的灾难发生的时候,为了及时引导民众进行避护,应该构建以属地城市为主、区域统一协调、相邻区域联手协作、跨区域协同治理的应急联动机制。从应急避护的长远来看，城市及跨区域的应急避护联动机制建设十分必要。

(4) 避难场所的综合功能建设和应急避护场所的综合管理

在城市应急避护场所建设中，对绿地、学校和体育场所等应急避护设施应贯彻"因地制宜、平灾结合"的基本原则。创新、优化、统筹设置绿地、学校和体育场所等应急避护场所的复合功能，即在无灾害时期发挥它们的休闲、娱乐和景观观赏功能，在灾害发生时发挥它们的应急避护的作用。此外，在对城市应急避护场所设施建设完成后，还应进行相应的管理，即成立城市应急避护场所管理委员会，对场所进行综合性管理，管理人员由政府、产权单位、志愿者、企事业单位等相关人员组成。日常管理工作主要包括制定应急性预案、设置避护场所疏散引导性标识、救灾物资及储备管理、卫生防疫、社会治安维护与管理、避护交通管理、灾难信息情报及时管理、应急避护数据库管理与防灾减灾设施维护等。在灾害时期的管理工作主要包括实施应急性预案、启用或关闭避护场所、实施交通管制、引导灾民和组织灾民避难等。

5.2 多元主体协调下的分阶段管理应对机制

5.2.1 日常管理阶段

1) 制度建设

在各级应急避护场所的日常管理中，场所所有权人或管理使用单位应首先对以下事项制定相关管理制度，保证每个应急避护场所对应管理制度的建立。对于已经建立相关管理制度的应急避护场所，应根据标准手册明确的内容进行修改、补充和完善。

(1) 应急避护场所及设施设备定期维护、检查及使用情况登记备案

根据各类突发事件的特征，场所所有权人或管理使用单位应制定应急避护场所年度维护和检查计划，登记场所的面积、服务人口、周边环境、权属及管理单位等信息，并向上一级应急主管部门备案。

（2）与应急避护场所运行的相关部门、单位的协作联动

根据政府职能部门及单位的职责，场所所有权人或管理使用单位应与涉及应急避护场所运行的市应急办、市住建委、市民政局等单位协调联动协作和保障职责分工，明确需要相关单位配合的工作内容（表5-1）。

相关部门应配合应急避护场所日常管理的工作内容　　表5-1

序号	配合部门			配合工作内容
	中心应急避护场所	固定和室内应急避护场所	紧急应急避护场所	
1	市住房和城乡建设局	区住建部门、街道（镇）	街道（镇）	明确场所日常维护和设施配套建设的内容和要求
2	市应急管理局	市应急管理局区分局、街道（镇）	街道（镇）	组织应急演练，开展应急知识宣传教育
3	市教育局、市体育局、市林业和园林局、国家和省直属单位、各区政府	区教育、体育、农业园林等部门、街道（镇）	街道（镇）	审批场所日常维护工作计划和资金计划，检查场所日常维护情况，指导场所的日常维护管理工作，配合组织应急演练
4	市民政局	区民政局	街道（镇）	协商场所内生活类救助物资的储备计划和提供方式
5	市卫健委	区卫健局	街道（镇）	协商场所内应急医疗卫生用品的储备计划和提供方式
6	市地震局			组织应急演练，开展地震避难知识宣传教育
7	市民防办			组织开展人民防空知识宣传教育，指导和组织人口疏散隐蔽演练

续上表

序号	配合部门			配合工作内容
	中心应急避护场所	固定和室内应急避护场所	紧急应急避护场所	
8	市气象局	区气象局		保持气象信息的互通
9	市财政局	区财政局、属地政府	街道(镇)	指导场所日常维护专项资金计划的制定,提供资金保障
10	市规资局	市规资局区分局	街道(镇)	依申请办理场所日常维护相关的规划审批、报建及验收手续
11	市公安消防局	区公安分局和消防大队	街道(镇)	指导场所内应急消防解决方案的制定
12	市供电局	区供电局		指导场所内应急供电解决方案的制定
13	市自来水公司	市或各区自来水公司		指导场所内应急供水解决方案的制定
14	中国电信、移动和联通公司			指导场所内应急通信解决方案的制定

由于不同类型的应急避护场所应对的突发事件类型不同,因此其涉及的政府职能部门不尽相同,上述未提及的、但跟突发事件密切相关的部门应充分发挥自身指导、配合或督促的职责,共同做好应急避护场所的日常维护工作。

(3)应急物资储备、维护和更新

根据《广州市应急避护场所建设指引研究》中提出的各级应急避护场所的设施建设内容,登记具体储备的设施型号、数量、存放地点等信息。

每年按计划对各级应急避护场所进行全面巡查,对破损设施进行及时的维

（4）定期向应急避护场所主管部门报告

包括定期或及时报告应急避护场所日常管理情况、协作联动保障情况、应急避护场所设施、设备、物资缺损情况等。

（5）场所应急避护预案的制定和修订

应根据各级应急避护场所的功能，制定、修订场所的应急避护预案。

2）设施配备保障

（1）生活类设施设备

依据应急避护场所的等级，按照国家、省和广州相关标准和指引要求配备设施和设备，应急避护场所需保证应急物资、应急电源、应急厕所等设施设备，明确各类设施设备的提供部门、单位，保证使用功能正常、外形完好。

（2）标识系统

按照国家、省和广州相关标准和指引要求设置应急避护场所内部和周边标识系统。场所标识应图形清晰、指向准确、安装牢固，损坏后应及时维修或更换。日常集中存放的可移动式应急避护场所标识牌，应确保应急避护场所启用后及时安装到位。

（3）场所出入口及通道

应急避护场所出入口应保持通畅，内部主要疏散救援通道、消防通道应保持畅通，不应占用或堵塞。

3）基本应急物资准备

应急避护场所的物资储备应采取"场所储备、政府调拨、民间捐助"的物资保障供应机制。结合场所实际情况，制定基本应急物资保障方案，储备一定数量的应急避护场所基本应急物资，包括简单的安置用工具、生活物资和医疗卫生用品及器械等。对于一些易损、不易保存的物资，可与应急避护场所周边商场、超市、加油站、辖区卫生行政主管部门建立物资供应机制，采取签订协议等方式，明确应急物资储存、供应的工作职责及流程。

同时，应做好应急避护场所内储备物资的日常维护管理，定期检查，提出储备物资更新建议。基本应急物资储备及提供部门详见表5-2。

基本应急物资储备及提供部门(单位)一览表　　　表 5-2

序号	类型	内容	建议提供部门
1	生活物资	(1)棚宿用品。宜包含帐篷、被褥、蚊帐、睡袋、折叠床等； (2)食品及饮用水。宜包含方便食品,如方便面、压缩饼干、瓶装水等； (3)生活用品。宜包含手电筒、收音机、洗衣机、晾衣架、餐具、雨具、电池(移动电源)、电热水壶、毛巾、卫生纸等； (4)母婴用品。宜包含奶粉、奶瓶、纸尿布、妇女卫生用品等	市或区民政部门及相关部门、场所管理者
2	医疗卫生药品及器械	(1)药品。宜包含医用酒精、碘酒、烫伤软膏等； (2)医疗器械。宜包含供氧器(制氧机)、简易呼吸器、血压计、体温计、听诊器、医用夹板、创可贴、镊子、三角巾、医用脱脂纱布、绷带卷、透气胶带、纱布绷带剪、医用脱脂棉、棉签、一次性注射器、静脉输液器、冰袋等	市或区卫健局、场所管理者
3	安置用具	宜包含警示带、绳子、锤子、铲子、铁锹、必要办公用品等	场所管理者

4)宣传演练

场所所有权人或管理使用单位应适时(每年或每半年)组织相关配合部门开展应急避护场所疏散安置演练。

通过各级应急避护场所内部的广播、显示屏、宣传栏等,向场所周边居民及社会公众公布应急避护场所位置及应急生活设施,加深周边居民对应急避护场所的了解,提高居民配合疏散安置的能力。

宣传人民防空基本知识和技能,提高全社会的防空意识。

5)检查维护

为确保应急避护场所的设施设备和场所内储备的应急物资安全有效,应急避护场所的管理单位应定期组织开展管理制度建立和执行情况、设施维护情况、物资储备情况、疏散安置预案制定及更新情况、宣传及演练情况等检查工作。应指定专人负责应急避护场所设施设备的日常维护、保养及检修，及时消除隐患，并定期开展应急物资检查，发现问题及时处理、记录。

5.2.2 运行管理阶段

1) 应急启用

（1）启用条件

满足下列条件之一，应启用各等级的应急避护场所：

①自然灾害、事故灾难、公共卫生事件和社会安全事件四类突发事件发布二级（含）以上预警后。

②气象部门发布寒冷、高温、暴雨灾害天气橙色（含）以上预警后。

③其他需要启用应急避护场所的突发灾害事件发生后。

（2）启用事项

①面对不同类型的突发事件和预警等级，所有权人或管理使用单位开启应急避护场所的室外场地或室内场所空间，以及所有进出口和设施设备。

②所有权人或管理使用单位安排专人迅速检查应急避护场所内建筑物及设施，对不能使用的建筑物及设施设备做好标识并组织人员对不能使用的设施进行抢修，将相关情况告知应急避护场所指挥部。

③对经确认安全可使用，但有些破损的设施设备，应立即组织人员对破损的设施进行抢修，将相关情况告知应急避护场所指挥部。

（3）进场秩序

①引导人员应迅速到达指定位置，或采取边引导、边就位的方式，按照疏散路线，将避护人员引导至应急避护场所内指定区域。

②避护人员入场过程中要注意对老年人、残疾人、孕妇、婴幼儿、轻症伤（病）员等需要帮助的特殊人员进行帮扶。

2) 机构设立

在应急启动之后，应当根据各应急避护场所建设实施方案设置的应急指挥部位置和要求，立即启动或设立应急避护场所内的指挥部，并下设协调联络、人员疏散、医疗防疫、治安保卫、后勤保障、宣传教育六个工作组(图5-1)。

图5-1 应急避护场所运行管理机构设立

(1)应急指挥部

指挥部成员应由政府工作人员、应急避护场所的所有权人或管理使用单位负责人、被安置社区(村)的代表组成,指挥部负责统一指挥、管理避护人员的工作(表5-3)。

应急避护场所运行指挥部组成一览表　　　　　表5-3

管理负责人	场所等级		
	中心应急避护场所	固定和室内应急避护场所	紧急应急避护场所
行政负责人	市负责人	区负责人	街道(镇)负责人
设施管理者	所有权人或管理使用单位负责人		
避护人员代表	区负责人	街道(镇)负责人	社区(村)负责人

(2)下设工作组

应急指挥部应下设以下工作组,明确负责人和工作人员的职责,应急指挥系统详细信息见表5-4。

应急避护场所运营组织责任部门　　　　　表5-4

功能组	场所等级		
	中心应急避护场所	固定和室内应急避护场所	紧急应急避护场所
协调联络组	市应急管理局、场所管理单位、团市委	市应急管理局区分局、场所管理单位、团区委	街道(镇)、场所管理单位
人员疏散组	属地政府	属地政府	属地政府
医疗防疫组	市卫生计生委	区卫计局	街道(镇)
治安保卫组	市公安消防局	区公安分局和消防大队	街道(镇)
后勤保障组	市财政局、市民政局、市卫生计生委、市供电局、市自来水公司、中国电信、移动和联通公司	区财政局、区民政局、区卫计局、区供电局、市自来水公司、中国电信、移动和联通公司	街道(镇)、市自来水公司、中国电信、移动和联通公司
宣传教育组	市应急管理局、市地震局、市气象局	市应急管理局区分局、市地震局、区气象局	街道(镇)

①协调联络组负责对外联络、应急避护场所情况统计报告、志愿者招募等工作。

②人员疏散组负责避护人员疏散通知与引导、应急避护场所内人员登记、失散人员的登记与查询等工作。

③医疗防疫组负责应急避护场所内医疗救护、卫生防疫、心理危机干预等工作。

④治安保卫组负责应急避护场所内的治安保卫等工作。

⑤后勤保障组负责应急避护场所指挥管理设施保障、应急资金保障、安置受灾群众住宿保障、受灾群众生活物资的管理与供应、垃圾处理及环境卫生维护等工作。

⑥宣传教育组负责信息通告、减灾知识科普教育等工作。

3) 人员登记

在应急避护场所启用后，人员疏散组应当对避护人员进行登记，制作发放避护人员"安置卡",登记的内容信息尽可能详细,以便提供更好的服务;对境外人员、临时避护人员单独进行登记,详细填写应急避护场所设施安置居民登记表及应急避护场所居民安置卡。

4)信息收集和发布

（1）信息收集

为保证及时了解避护人员的动态信息,应制定实施应急避护场所信息收集和报送制度。宣传教育组每日收集应急避护场所情况信息,如交通信息、人员救治及疫情信息、灾民失散信息、受灾群众安置需求等。

（2）信息发布

在应急避护场所明显位置设置信息公告栏、电子显示屏、应急广播等,向居民提供应急避护信息,并及时公布应急避护场所运行管理机构的工作部署、政策信息、物资发放信息、失散人员信息等。同时开展卫生防疫、火灾预防、抗震救灾等知识的宣传教育。

5)志愿者招募

当应急保障工作人员不足时,团市委或各区团区委负责进行志愿者招募,确定招募条件,公布招募信息。可采用在信息栏张贴招募告示、通过应急避护场所广播设施发布招募信息等方式招募志愿者,或接收上级调派的志愿者,并对招募志愿者进行筛选、登记及任务分配。

应优先招募具有专业技能、有志愿服务经历的人员。此外,还应对临时志愿者进行培训,包括介绍工作内容、分解工作任务、明确工作步骤等。

6)基本生活保障

（1）基本生活设施保障

①供安置居民休息搭建帐篷、活动简易房和室内分区隔离板等空间应根据应急避护场所面积和场所条件划分不同的安置区,并对分区进行编号管理。

②各分区应指定相应的负责人,承担人员避护、信息收集整理等工作。

③应优先为孤儿、孤老、孤残人员及需要帮助的特殊人员提供住宿设施。

④宜在棚宿区各分区以户为单位设置隔断,减少相互干扰。

(2)救灾物资供应

①指定专人看守和管理应急避护场所的物资储备点,随时检查物资储存情况,避免物资受潮、霉变等,注意防火、防盗。

②对物资接收和拨付进行登记造册,每日对剩余物资进行数量清点、核对。

③安置居民凭安置卡领取救灾物资。

④确保优先为需要帮助的特殊人员提供食品、药品等物资。

7)配套服务

(1)医疗卫生与防疫服务

医疗防疫组根据实际情况开展相应的工作,如场所内提供医疗诊治条件,为需要特殊帮助人员提供优先的医疗服务,每日定时开展应急避护场所医疗巡诊;设立心理咨询室,向应急避护场所内的避护人员宣传心理应急和心理健康知识,进行心理危机干预;对应急避护场所内的饮用水源等卫生情况进行定期监测、检查;对暴露在外的饮用水源及生活污水定时进行消毒处理;建立应急避护场所内人员健康监测机制,随时监控传染病疫情及群体性健康损害事件,一旦发生疫情,立即采取控制措施。

(2)通信服务

①指挥联络,保障应急避护场所与上级政府指挥机构的通信畅通。

②可设立临时通信服务点,为居民提供通话服务,有条件的地区可提供上网服务。

(3)治安防范

治安保卫组根据实际情况开展相应的工作,如应急避护场所秩序维护。可利用应急避护场所监控设施,对场所内治安情况进行实时监控,及时分散密集人群,化解纠纷;应对场内重点目标,如指挥、物资储备点、供电设施等地点进行安全防范;应开展场内夜间治安巡逻,防范夜间治安案件的发生;应对应急避护场所用火、用电情况等进行火灾隐患排查;处理治安案件;为避护人员关心的财产受损认定、保险理赔等法律问题提供咨询建议或解答。

(4)失散人员登记查询

失散人员登记查询包括设立失散人员登记查询工作点,设置人口查询登记簿,登记被查询人员的姓名、性别、年龄等个人信息和查询人员的姓名、联系方式;建立失散人口查询平台,设立寻亲热线电话,与其他应急避护场所建立联系等方式,共享人口查询信息;随时在应急避护场所信息发布平台上公布信息,便于居民查询。

8)转移安置

当应急避护场所不适宜继续安置居民时,场所指挥部应在政府指导下或自主组织本应急避护场所居民向安全地带转移,并向上级政府报告转移的位置及情况,请求救援。

5.2.3 善后管理阶段

1)运行结束的条件

满足下列条件之一,则应急避护场所应结束运行:

(1)突发事件的危害影响已经消除,受避护人员可以返家或进行易地妥善安置,不再需要应急避护场所进行安置。

(2)应急避护场所不适宜继续进行人员避护。

(3)政府宣布应急期结束。

2)人员撤离

应急避护场所疏散安置指挥部依据指令通知应急避护场所内的避护人员应急避护场所运行结束,告知应急避护场所关闭时间、人员撤离准备及注意事项等内容。

3)设施设备检查

应急避护场所内的避护人员撤离后,应急指挥部应组织有关人员检查、收集、清点、归还安置物资、设施设备及器材。

4)场所功能恢复

应急避护场所所有权人或管理使用单位应提出并编制应急避护场所恢复修缮方案,恢复应急避护场所日常运营功能。

5）总结报告

应急避护场所恢复日常功能后，各级应急指挥部应向相应的各级行政负责人汇报本次应急避护场所使用情况，如避护人员与时间、基本生活保障情况、配套服务情况等。

5.3 多元主体协调下的管理信息化建设建议

5.3.1 管理信息化的重点发展方向

对于地处"典型气候脆弱区"和南方沿海地区的广东省来讲，全球气候急剧变化、生态环境恶化以及人口众多等因素决定了自然灾害及其衍生、次生灾害的突发性、复杂性和危害性程度的加大。台风、暴雨、高温、干旱、低温雨雪冰冻等极端天气事件频发，对广东省的应急避护信息化管理提出了更高的要求。为此，根据实际情况和考虑综合因素，广东省应急避护信息化管理的重点方向主要为应急避护场所信息数据库的建设与更新、应急避护场所信息化平台的建立、共享及实时动态更新、工作人员的应急避护信息管理技术培训和居民应急避护信息化宣传，最终实现广东省应急避护场所的信息化、网络化管理。

1）应急避护场所信息数据库的建设与更新

为做好应急避护场所的管理，保证应急避护场所功能的发挥，可以借鉴淄博市的经验。淄博市先后于 2010 年和 2012 年两次对应急避难场所基本信息进行统计调查，搜集了全市应急避护场所的分布地点、占地面积、有效面积、容纳人口、服务范围、避护场所分区图、避护场所照片等资料，并以区县为单位建立了应急避护场所的电子数据库。

2）应急避护场所信息化平台的建立、共享及实时动态更新

为贯彻提升防灾减灾救灾服务能力的要求，坚持"以人为本、保障民生、分级储备、科学适用、高效快捷"的原则。以保障受灾群众基本生活为核心的思路，利用先进的信息技术、网络技术、传感技术、物联网技术以及大数据、云计算、人工智能等技术，构建"大机制"，搭建"大平台"，整合"灾情数据"，深度挖掘数据资源,建设救灾物资储备科学化、现代化、信息化、网络化、智能化的"智慧仓库"是救灾物资管理信息化发展的方向。

先进的基础设施和自动化功能是实现"智慧仓库"的基础条件。例如高平台的立体仓库、可存放不同种类货物的货架、有效的作业平台、可进行射频扫码的叉车、自动化货物传送装置、温控装置、喷淋装置、监控装置等。信息网络平台的搭建是实现"智慧仓库"的有效手段。例如通过综合运用现代化科学管理方法和现代信息技术手段,合理有效地组织、指挥、调度、监督物资的入库、出库、发放、储存、装卸、搬运、计量、保管、财务、安全保卫等各项活动,达到作业的高质量、高效率。大数据中心及应用分析平台的建设是实现"智慧仓库"的核心任务。例如通过对作业数据的收集、整合,运用云计算、数据挖掘等技术,为各级管理人员提供科学有效的工作预判和决策建议。智能化、无人化管理是"智慧仓库"的终极目标。例如通过运用人工智能的产品和技术,实现救灾物资管理智能化、智慧化和无人化。

3)工作人员的应急避护信息管理技术培训

为保证应急避护场所信息化管理的有效运行,应对参与应急避护场所的相关工作人员进行技术培训,如应急避护系统信息化管理的日常维护、设施的寿命与更新、主要操作问题发现和更新等。

4)居民应急避护信息化宣传

应急避护场所及所承载的主要信息要对广大民众公开、公示和开放,并提供及时全面的信息服务,目的是让广大民众及时了解应急避护场所相应情况,并掌握应急避护场所的基本功能和基本知识,有利于市民在遭遇灾难时能够有效应用应急避护场所和自救。应急避护场所的主要信息除了提供给广大市民学习外,政府还应通过现代化的多种形式对广大民众进行信息化的宣传,如通过网络、电视、报纸、多媒体演示光盘等对广大民众进行宣传教育。

5.3.2 应急避护场所管理信息化对策

1)推动管理信息平台的建立

应急避护场所最大的问题是人口增长与城市空地紧缺两者之间的矛盾。在此现实矛盾背景下,科学地设置避护场所,有效管理、快速高效地安置救助灾民,以及对应急避护场所的现代化管理,都需要应急避护场所管理信息平台的支撑。

一套完善的应急避护场所管理体系离不开对场所信息的全面掌握以及动态更新。充分利用当前"大数据"信息处理与分析技术,整合各个场所所有权人或管理使用单位的基础信息数据,搭建广州市应急避护场所管理信息平台,为应急避护场所运行管理提供更加充分的技术支撑条件,有利于场所应急指挥部做出更科学的决策。因此,可建立全市应急避护场所分布情况及设备储备数据库(年度更新)、全市应急避护场所责任人数据库(年度更新)、应急避护场所运行实时监控系统等。

(1)应急避护场所管理信息平台建设目标

一个城市不论规模大小,一旦发生大型的公共灾难性事件,必然会产生大量需要及时安置及救助的灾民。从以人为本的原则考虑,应急避护场所作为灾民安置及救助的一个非常重要的载体已经得到了人们的广泛重视。应急避护场所管理信息平台的建设应以广州市应急避护场所的资料为基础,结合广州应急避护场所的历史、现状和规划资料,广州市地理信息、目前应急避护场所的基础信息、应急避护的设置信息、救援队伍信息、公安局、交通大队、所有医院、消防部门、环卫部门等众多信息,在此基础上整理成不同类型的统计性分析模型,如统计广州市应急避护场所十一个区所容纳的救灾人数和面积大小等,进而实现对广州市应急避护场所全部信息的有效管理和多种资料的综合性分析,为广州市应急避护场所的有效管理和及时利用提供全面的信息服务与技术支持。

(2)应急避护场所管理信息平台建设原则

根据应急避护场所管理信息平台设计软件的工程设计规范,参照《地震应急避难场所场址及配套设施》(GB 21734—2008)、《防洪标准》(GB 50201—2014)、《地质灾害防治管理办法》(2005)等标准、规范及其管理办法,应急避护场所管理信息平台建设应坚持前瞻、实用、可操作、稳定、可靠、易扩展和灵活等基本原则,遵循的具体设计原则包括:①为了应急避护场所管理信息平台未来的升级和更新,应遵循应急避护场所管理信息平台良好的总体框架结构与参数驱动的设计原则;②坚持应急避护场所管理信息平台快速简洁的主要信息查询、多样化检索、多种类统计和输出等设计原则;③为了保障应急避护场所管理信息平台的稳定性与易扩展性,应坚持应急避护场所管理信息平台独立性的子系统的设计原则;④从用户体验友好性界面来看,坚持良好的图形数据与属性数据的交互性设计原则;⑤从确保应急避护场所管理信息平台运行的安全性和可靠性方面考虑,应坚持应急避护场所管理信息平台数据备份和系统恢复等良好的运行机制的设计原则。

(3)应急避护场所管理信息平台总体框架

根据广州市应急避护场所信息管理平台的建设目标,采用 B/S 与 C/S 的混合结构来构建应急避护场所信息管理系统,总体的逻辑结构包括信息服务层、应用层、数据服务层、技术支撑层 4 个层次,这 4 个层次之间相互联系,共同形成一个有机整体。其中,信息服务层面向应急避护场所责任人和应急避护人等不同需求群体,可提供不同类型的服务内容,满足其不同的需求;应用层是广州市应急避护场所管理信息系统的黑匣子,可实现其科学管理的整体性业务逻辑,负责广州市应急避护场所储备数据库、责任人数据库等不同数据库的连接,为信息服务层提供最基础的信息服务内容;数据服务层为广州市应急避护场所管理信息系统提供基础性数据支持,包括基础性的地理数据、广州市应急避护场所数据、不同应急避护部门的属性数据、应急避护场所专题性数据、各种元数据及文档资料等;技术支撑层总体上贯穿整个应急避护场所信息管理系统的逻辑结构,包括信息管理系统技术(Management Information System, MIS)、遥感技术(Remote Sensing, RS)、地理信息系统技术(Geographic Information System, GIS)、卫星定位技术、信息安全技术、数据库及元数据技术、数据引擎及网络技术、地震信息处理技术、防洪信息处理技术、防灾信息处理技术、大数据技术等。应急避护场所信息管理平台的总体架构图如图 5-2 所示。

(4)应急避护场所管理信息平台功能设计

根据广州市应急避护场所管理信息平台用户需求与平台建设目标,平台功能主要包括:

①地理基础地图和应急避护地图基本操作:包括地理放大、缩小、三维查看等基本功能。

②信息查询统计：可实现地理空间查询、数据查询和专题查询，支持基础地理和应急避护储备等所有信息的双向性查询。

③避护场所空间分析：包括不同区域的避护场所空间分析、受灾地点安置及救援组织分析、受灾及救援空间准确定位、受灾及救援覆盖面积测量等。

④信息查询统计分析：应急避护场所、救援队伍、公安局、交通大队、医院、药店、消防、环卫、学校、广场、绿化带等信息统计，统计结果以饼图和柱状图等多种形式呈现。

⑤信息发布：及时上传或更新广州市不同区域的应急避护场所的最新信息。

⑥基础数据管理：对基础性的地理数据库、广州市应急避护场所数据库、不同应急避护部门的属性数据库、应急避护场所专题性数据库、各种元数据及文档资料库进行具体的操作，做好数据的输入性输出性接口，包括地理空间数据及各种不同类型的属性数据科学管理，即数据及时入库、数据及时出库、数据月度和年度及时更新、数据同步等众多功能。

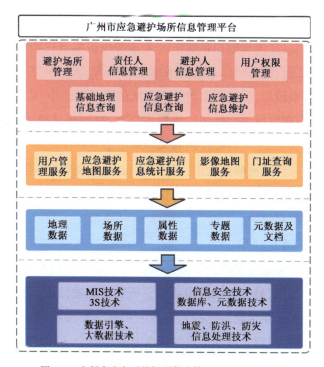

图 5-2　广州市应急避护场所信息管理平台总体架构图

2)选取重点场所进行仿真模拟

日本被公认为是应急避护场所建设、运行较好的国家之一,很大程度上是由于频繁的自然灾害客观地促进了其自身对灾后问题的研究并制定出精细化的应对措施。

但由于突发事件的发生存在不确定性,广州市应根据各区突发事件发生的频率与风险程度不同,分析全市突发事件发生的分布情况、场所重要性以及场所使用情况,对重点应急避护场所(如天河体育中心)进行交通仿真模拟,通过二维或三维模拟应急避护疏散,检验场所的运行管理手册的内容是否存在问题或者确定需要提升优化的内容。

仿真模拟是设计出与现实世界某一现象或者过程相似的模型,通过仿真模拟模型间接地研究现实现象和其过程。

(1)仿真模拟的优点

仿真模拟是对现实世界系统的抽象或模仿,由参与模仿的因素与分析现实问题之间的部分或者相关因素构成,使用仿真模拟的优点主要是使现实世界系统被简化和易理解;在仿真模拟系统中改变某些模拟参数比现实世界中更灵活和方便,可操作性强;仿真模拟系统的敏感度比较大,从中可以看出哪些因素对仿真系统的影响比较大,哪些因素对仿真系统的影响比较小,从而通过不断的改进,寻求更加符合现实世界特性的仿真模拟模型,得到最理想的模拟状态;仿真模拟模型具有耗费资金少、时效性强和风险难度小等特征。

仿真模型是对现实世界系统的一种描述,必须反映真实的情况。因此,在仿真模拟的过程中尽量以模型简单为主,抓住导致现实现象产生的最本质的因素,对现实世界进行仿真模拟。

(2)仿真模拟理论模型

当前国内外对应急避护疏散仿真模拟的研究主要有两个方面,一个是在计算机上进行仿真模拟,另一个是采用数学分析的方法进行仿真模拟。计算机仿真模拟模型主要用于建筑物内部的人员疏散和机动车疏散,主要从宏观和微观的层次来进行分析,预测人员和车辆的疏散时间和制定疏散方案,但对于受灾时整体疏散规划的制定和整体交通优化设计方面略显不足。数学分析仿真模拟以网络流优化为基本基础,对较大区域内或者建筑物内都可以顺利地转化为疏散网络流问题,疏散网络流包括静态和动态两种。近年来,微观仿真模型成为国内外人员疏散仿真研究的热点和重点,如基于 Agent 的仿真模型的广泛应用。

整体上来看,不管是计算机模拟还是数学分析模拟,各有优点。随着技术的应用和研发,基于现代技术的仿真模拟模型主要有离散型、连续型和基于 Agent 的仿真模型共 3 种仿真模型。

①离散型仿真理论模型。

离散型仿真理论模型在研究应用中被称之为元胞自动机模拟模型。在离散型仿真理论模型中,一般将建筑物或者区域的空间划分为比较小的正方形单元格。在任意时候,一个正方形单元格存在两种情况,一种是被一个障碍物占据,另一种是空的。因此,任意个体的空间位置可由其所处的正方形单元格的唯一编号进行标示。在仿真模拟运行的过程中,仿真时间可以被划分为若干个相等的时间段,在每个时间段,所有个人都要按照所处的环境与个体的行为规则选择最后是留在自己的原格还是最终移动到相邻的八个正方形单元格中的一个格。在离散型仿真理论模型中,通常的做法是用概率论的方法给出个体移动到邻域或者留在原格的概率,在此基础上再通过蒙特卡罗法确定个体性的行为。当前,比较好且应用广泛的离散型仿真理论模型有"网络模型"等。

②连续型仿真理论模型。

与离散型仿真理论模型不同的是,在连续型仿真理论模型中,应急避护疏散人员的坐标可表示为矢量位置。此外,连续型仿真理论模型中时间和其他一些变量均为连续性但非离散的。连续型仿真理论模型的核心在于建立一组系统动力学的微分方程或者是运动学方程,基于微分方程或者运动学方程将各个不同量的变化联系起来。只要给连续型仿真理论模型设置好初始条件,其可以仿真模拟出后续的所有运动的情况。

随着连续型仿真理论模型的广泛应用,国内外学者在连续型仿真理论模型的基础上引进了热力学、流体力学等知识,构建了人群运动的全方位力学方程,很好地扩展了 Henderson 的相关研究。

③基于 Agent 的仿真模型。

实际上,现实世界是混合的,时间连续性的过程中通常包含着离散的事件。那么,在大多真实的现实世界系统中,许多行为都是相互依赖的,这就需要在仿真模拟的过程中使用特殊的方法来解决。传统的仿真模拟一般只支持完全性离散或者完全连续性的建模,有的也将完全性离散或者完全连续性的建模结合起来,但比较笨拙,也不容易使用。基于Agent的仿真模型最大的特点是混合建模,其显著亮点是混合性,即将仿真模拟方程与模拟图中的状态图两者结合起来,状态图的转移由此可引发连续性行为的变化。此外,还可在连续性变化的变量上进行条件设定,进而触发状态图的转移,最终连续性的过程可驱动离散型的逻辑关系。

基于Agent的混合仿真模拟方法对复杂性系统进行建模最为合适,从现实世界的复杂性系统到计算机的复杂性系统建模,一直到复杂性系统模型仿真模拟与实现,这样才能尽可能地减少一定信息的损失,使得对复杂性系统的描述、模拟仿真和实现更加自然,损失的信息也会更少。

(3)实例仿真模拟

以天河体育中心为模拟仿真的地点,应先做好仿真模拟的假设,应用基于Agent的仿真模型进行灾难发生时人员疏散的行走疏散仿真逻辑。Agent仿真模拟模型主要在于模拟受灾区域内的人员疏散情况,对仿真模拟过程中显示出的人员疏散状况进行深入的分析。此外,还可对受灾区域的建筑物进行修改,或者增强受灾预防及受灾过程中的管理措施,制定相应的工作预案等各种方式进行处理,进而增强现实社会中受灾人员疏散的安全性。

3)强化人员培训及宣传教育

当前广州应急避护场所建设尚处于起步及全面开展工作的阶段,各级应急避护场所的所有权人或管理使用单位对场所管理的相关经验较浅,建议定期对场所的相关管理人员进行日常管理、运行管理和善后管理的培训。

(1)确保信息化管理平台的正常运行和人员的定期培训

对相关管理人员在技术支撑、数据服务、信息服务、应用服务方面进行定期培训和演练,确保广州应急避护场所信息化管理平台的正常运行。

(2)多种途径的应急避护信息化普及

市民在熟悉了解应急避护信息的基础之上,还应该对应急避护场所信息化进行熟悉,如避护场所的布局、避护场所的疏散救援通道、避护救援和安置等信息查询,这样可以冷静地面对任何灾难的发生。除此之外,还应该组织中小学生、大学生开展必要的应急避护场所信息化课程与训练,让应急避护场所信息化管理进入课堂。同时,通过开辟专栏、报纸刊物、社区黑板报、手机短信、微信、微博、电视、公交传媒、地铁传媒等多种方式宣传广州应急避护场所信息化管理平台。

(3)组织社区应急避护场所信息化查询演习

一般情况下,自主性避护行为通常属于一种不规则性与无序性的行为,需要在灾难发生时进行有效的引导性与规范性疏散。为有效引导民众疏散至应急避护场所进行避护,结合应急避护场所信息化的建设与管理,应对城市区域、社区区域、学校等单位定期进行应急避护场所信息化管理的演习,使民众在应急避护的紧急状态下有序服从应急疏散指挥命令,准确了解灾难发生时如何尽快地查询应急避护信息以及如何快速地自我保护、尽快转移到应急避护场所的最佳时机、顺利通往应急避护场所的最短安全性路线以及应急避护场所内各项应急避护设施的用途以及用法,也以此定期检测广州应急避护场所信息化管理平台运行功能的有效性。

4)探索应急避护物资保障供应机制

应急物资储备和保障是应急避护全盘工作的重要基础。借鉴日本、美国等先进国家在应急物资提供方面的经验,建议在"场所储备、政府调拨、民间捐助"的物资保障供应机制基础上进行深化,从各区甚至全市层面跟相关企业和民间团体(组织)进行协商,多渠道并行,为应急避护物资的供应提供更坚实的保障。

(1)加快应急避护物资储备设施建设规划与布局

应急避护物资储备设施需综合考虑广州市灾害的特征人口规模与分布、影响范围和交通条件等多因素情况,同时兼顾广州市作为广东省省会的龙头作用,充分与广东省应急避护储备库相衔接,明确实施应急避护物资储备的工程库建设,推进广东省、市、区、镇(街道)等不同层级避护物资储备库或储备点的建设。构建以广东省级库为重要支撑、市区级库为主要依托、镇(街道)级储备点为主要补充,纵横联动和布局合理的五级应急避护救灾物资储备性网络。基于此,各地应科学谋划应急避护物资储备设施布局,深入细化分管责任,从应急避护物资储备设施规划的选址、土地的征用、资金合理安排、工程快速建设、完工合格验收、物资储备设施配备等多环节建立相应的保障机制,确保应急避护物资储备工程库建设项目的顺利实施。

(2)加强制度性保障,建立应急避护物资储备管理的长效机制

广州市应借鉴其他地区应对大灾难的经验,从加强应急避护物资储备能力的建设角度入手,出台关于应急避护物资储备管理的工作意见,要求市、区、镇(街道)、村等地制定应急避护物资储备性规划和年度采购性计划,安排应急避护储备物资采购经费与管理经费,及时增加急需的应急避护物资储备品类与储备数量,确保应急避护储备物资充足,物资储备库运营正常,从制度上对应急避护物资储备管理提供坚实保障。除此之外,还应建立应急避护物资储备管理的长效机制,如对应急避护物资储备、采购、合理使用、及时调拨、回收与代储管理方面进行明确的规定,同时出台年度应急避护物资储备工作考核办法,确保应急避护物资管理的使用有章法可循和规范性运行。市、区、镇(街道)、村等应结合自身的实际情况,制定应急避护物资储备性管理的应急性预案与应急物资仓库储存、安全与相关人员的岗位职责管理等相关规章制度,明确应急避护紧急性调运、物资进出库、仓库通风倒垛、突发性事件的及时处理等要求,分级提升应急避护物资管理的规范化水平。此外,还应在市、区、镇(街道)、村建立应急避护的物资储备性管理中心,真正确保应急避护物资储备管理的长效发展。

(3)建立智慧仓库,完善应急避护救灾物资储备性管理信息化平台

借鉴国外发达国家应急避护物资保障的经验,结合现代化的信息技术,建立应急避护物资储备智慧仓储,完善应急避护救灾物资储备的管理信息化平台。应急避护救灾物资储备的管理信息化平台主要包括避护救灾的物资日常化管理、救灾物资应急性调运信息、救灾物资储备信息、救灾的应急指挥、避护救灾的地理信息系统、车载视频监控定位系统等大数据的应用,建设和完善市、区、镇(街道)、村四级应急避护救灾物资管理与应急调运体系。

应急避护物资储备的"智慧仓库"是充分运用现代化的信息与通信技术手段对仓库运行的各项关键性信息进行感测、深入分析和整合,在此基础上对应急

避护物资应急性调运、物资储备管理、物资储备的环境监测、储备物资环境的安全与服务、消防、警报等在内的各种应急储备需求做出的智能性响应,创造市、区、镇(街道)、村等不同级别更快更方便的工作环境。建设应急避护物资储备的"智慧仓库"在实现应急避护物资储备工作的可持续发展、引领现代化信息技术在应急避护物资储备管理过程的完全应用和提升民政部门综合救灾能力等方面具有重要意义,同时在"智慧民政"建设和推进民政应急救灾工作改革创新方面具有示范引领意义。

(4)协调社会多元力量参与,健全应急避护储备物资调运联动机制

应急避护救灾物资具有及时性的特征,即以最快的速度将物资运送到救灾区。但在救灾物资运送灾区的过程中,可能会遇到一系列的情况。因此,需要协调多元力量的参与,健全应急避护储备物资调运联动机制,如与各地的交警部门协调建立应急救灾物资车辆安全快速通行且到达灾区的协作机制;与各地的交通部门协调建立应急救灾捐赠物资车辆的免费性通行机制;与广东省军区、武警总队等建立应急救灾物资应急性调运机制;与各地铁路与公安部门协调建立救灾物资紧急性调运特事特办的应急保障性机制。广东省储备中心应建立以本地区劳动力为主、大量搬运队伍快速召集的救灾物资装运力量社会全动员机制,切实提高应急救灾物资紧急调运的时效性。

(5)多元筹措资金,持续性提升应急避护物资储备能力

一般来讲,应急避护的救灾物资需求量比较大,所需救灾资金也相应较多。除了政府招标采购应急避护救灾物资之外,还应通过呼吁社会的力量,加强对应急避护时救灾物资如食品、饮用水、燃炉、照明灯、棉大衣外套、夹克、防潮垫、简易折叠床、临时发电机、帐篷厕所等物资及时供货,通过政府定向物资储备和与社会资源协议储备的有机性结合,确保应急避护物资及时供应。

5.4 多元主体协调下的实施机制完善方向

"罗马不是一天建成的",广州市应急避护场所的建设和管理维护也在不断实践、探索和改进的过程中,需要持续地跟进研究,针对实践过程中存在的问题

进行改进和提升优化。

应急避护场所的建设和管理维护过程中有四个方面需要继续优化改进：

一是进一步明确和细化采取"应急避护物资"采购协议合同方式配置的物资。最先建设的应急避护场所中所需配置的物资全部由场所方配备齐全，由于食品、饮用水等物资存在时效性问题，因此食品、饮用水、帐篷等物资是在场所启用时由市民政部门统一配置供应。食品等物质采取协议采购模式供应，具体的协议采购明细仍待进一步完善。

二是进一步建构物资设备更新维护与资金支持的保障机制。应急物资和设备建设和配置完成后，由于缺乏更新维护与资金支持的保障机制，灭火器存在过期问题，发电机、电子显示屏等设施设备存在老化和维护问题，需要由市应急主管部门进一步建构相应的保障机制。

三是推进应急避护场所指引标识标志牌的"多杆合一"。场所周边标识标志牌悬挂设涉及交警、城管等管理冲突问题，需要在市级层面统一协调，积极推进应急避护场所指引的标识标志牌与"多杆合一"结合进行综合利用。

四是增强居民应急避护的知识和应急演练。应急避护的相关知识、场所介绍、使用知识等宣传力度不足，由市应急管理部门协调场所方统筹安排中心级场所应急演练，积极鼓励社区组织周边居民参与演练活动，增强居民应急避护的知识和检验场所的应急使用能力。

CHAPTER 6

第6章

未来应急避护场所规划设计的再思考

6.1 粤港澳大湾区背景下的应急避护要求

伴随着城市化进程的加快和人们改造自然环境活动的日益频繁,城市安全问题频频出现,自然灾害和人为事故不断发生,威胁到城市及其居民的安全,城市在发展的同时也在积聚着风险。作为我国首个世界级城市群的粤港澳大湾区,包括香港特别行政区、澳门特别行政区和广东省广州市、深圳市、珠海市、佛山市、惠州市、东莞市、中山市、江门市、肇庆市九市,人口约7801万人(第七次人口普查结果),总面积5.6万平方千米,是我国开放程度最高、经济活力最强的区域之一,在国家发展大局中具有重要战略地位。与世界三大一流湾区(旧金山湾区、纽约湾区、东京湾区)相比,粤港澳大湾区颇具实力,其面积最大、人口最多,GDP是东京湾区的3/4,与纽约湾区不相上下,是旧金山湾区的1.8倍,增长潜力巨大,已经是世界级湾区。粤港澳大湾区GDP已经超过10万亿,占全国比例的10.8%左右,高于纽约和旧金山湾区。除此以外,粤港澳大湾区还拥有三大核心优势,包括"三面环山,三江汇聚"、面向太平洋、辐射泛珠三角,在世界四大湾区中拥有最大腹地的区位优势;航运发达、体系完备、创新能力强、总部效应突出的产业优势;"一国两制三关税区"多元格局的制度优势。

从国内来看,粤港澳大湾区是我国产业链丰富、制造业门类齐全、市场化活跃的城市群,具备担当中国在第四次工业革命"弯道超车"的转型力量主体,将成为中国第四次工业革命的重要策源地之一。城市集群为第四次工业革命的原始创新、集成创新创造了条件,为引领和推动全球科技革命和创新变革提供了丰富的产业资源、科技资源、市场空间及企业主体。同时,湾区拥有三万多家国家级高新技术产业,因此,粤港澳大湾区的发展潜力巨大,实力也相当雄厚。根据中国银行(香港)有限公司王春新博士的预测,到2025年,粤港澳大湾区经济总量将达到2.5万亿美元,有望超越东京湾区,成为全球最大的湾区经济体;20年后,粤港澳大湾区GDP总量有望突破5万亿美元,甚至有机会超过东盟10国的总量。届时,粤港澳大湾区将是名副其实的中国大湾区、全球首席大湾区。

2019年2月,国务院印发了《粤港澳大湾区发展规划纲要》,纲要中明确提出了大湾区的发展目标:到2022年,粤港澳大湾区综合实力显著增强,粤港澳合作更加深入广泛,区域内生发展动力进一步提升,发展活力充沛、创新能力突出、产业结构优化、要素流动顺畅、生态环境优美的国际一流湾区和世界级城市群框架基本形成。目标具体可概述为六点:①区域发展更加协调,分工合理、功能互补、错位发展的城市群发展格局基本确立;②协同创新环境更加优化,创新要素加快集聚,新兴技术原创能力和科技成果转化能力显著提升;③供给侧结构性改革进一步深化,传统产业加快转型升级,新兴产业和制造业核心竞争力不断提升,数字经济迅速增长,金融等现代服务业加快发展;④交通、能源、信息、水利等基础设施支撑保障能力进一步增强,城市发展及运营能力进一步提升;⑤绿色智慧节能低碳的生产生活方式和城市建设运营模式初步确立,居民生活更加便利、更加幸福;⑥开放型经济新体制加快构建,粤港澳市场互联互通水平进一步提升,各类资源要素流动更加便捷高效,文化交流活动更加活跃。到2035年,大湾区形成以创新为主要支撑的经济体系和发展模式,经济实力、科技实力大幅跃升,国际竞争力、影响力进一步增强;大湾区内市场高水平互联互通基本实现,各类资源要素高效便捷流动;区域发展协调性显著增强,对周边地区的引领带动能力进一步提升;人民生活更加富裕;社会文明程度达到新高度,文化软实力显著增强,中华文化影响更加广泛深入,多元文化进一步交流融合;资源节约集约利用水平显著提高,生态环境得到有效保护,宜居宜业宜游的国际一流湾区全面建成。

为了加快推进粤港澳大湾区的建设,2018年8月粤港澳大湾区建设领导小组成立,随后广东省成立省推进粤港澳大湾区建设领导小组。国家发展改革委提出粤港澳大湾区建设将重点推动六方面工作:一是打造国际科技创新中心;二是推进基础设施互联互通;三是促进要素流动便捷高效;四是培育国际合作新优势;五是加快推进重大平台建设;六是共建优质生活圈。

粤港澳大湾区对于中国和世界的重要性不言而喻,但其平稳快速的发展,离不开一个稳定安全的社会环境。其范围囊括了香港、澳门两大特别行政区和广东省九个重点城市,而城市是所有自然与人为灾害的承载体,各类灾害事故及其衍生灾害无时无刻不在威胁着城市的公共安全。同时,由于城市人口和财产的密集程度高,一旦发生突发灾害,造成的损失特别巨大。为此,湾区内很多城市编制了防灾减灾规划纲要和应急预案,《粤港澳大湾区发展规划纲要》专门指出:"港澳大湾区的建设要完善突发事件应急处置机制,建立粤港澳大湾区应急协调平台,联合制定事故灾难、自然灾害、公共卫生事件、公共安全事件等重大突发事件应急预案,不定期开展应急演练,提高应急合作能力。"

为了支持粤港澳大湾区的发展,创造安全稳定的湾区环境,广东省政府出台了《广东省综合防灾减灾规划(2017—2020年)》,规划中提出了六点灾害防御要求:一是防灾减灾救灾法律法规体系进一步完善,体制机制进一步健全。二是将防灾减灾救灾工作纳入各级政府工作报告。三是年均因灾直接经济损失占国内生产总值的比例控制在1.3%以内,年均每百万人口因灾死亡率控制在1.3以内。四是建立并完善多灾种综合监测预报预警信息发布平台,信息发布的准确性、时效性和社会公众覆盖率显著提高。五是提高重要基础设施和基本公共服务设施的灾害设防水平,特别要有效降低学校、医院、海上设施、沿海大型工矿及危化企业等设施因灾造成的损毁及影响程度。六是建成省、市、县、镇四级救灾物资储备体系,确保自然灾害发生8小时之内受灾人员基本生活得到有效救助。

2015年,国务院出台了《综合防灾减灾规划(2016—2020年)》,明确提出了要加强城市大型综合应急避难场所和多灾易灾县(市、区)应急避难场所建设。针对应急避护场所的规划与建设,《广东省综合防灾减灾规划(2017—2020年)》给出了具体数字要求,即到2020年,全省室外固定应急避难(护)场所不少于3805处,容纳人数不少于2276万人,有效面积不少于6828公顷;室外中心应急避难(护)场所不少于153处;室内应急避难(护)场所不少于5938处,容纳人数不少于387万人,建筑面积不少于1548万平方米。进一步健全市、县、镇三级应急避难(护)体系,市、县、镇及村室内外应急避护场所的服务覆盖率达到100%,建成便捷、完善的应急疏散救援通道网,全省应急避护的综合能力达到全国领先水平,为平安粤港澳大湾区建设提供有力保障,打造最后的安全岛。

6.2 应急避护场所规划的底线思维

我国城市化的快速发展带来了城市财富和人口的高度聚集,但是,城市的整体防灾减灾功能仍远远滞后于城市的发展,任何突发灾害给城市造成的经济损失和社会功能损失都将是难以估计的。应急避护场所作为城市综合防灾体系的重要部分还存在配置不足的问题。目前,全国仅有北京、广州、上海、厦门、南京、西安等少数几个大城市建有少量应急避难场所或应急避护场所,而且数量和覆盖面远远不能满足城市的安全需求。为了将灾害造成的损失降至最低,防御和减轻地震等自然灾害和人为灾害,保障城市的公共安全与可持续发展,应在城市规划中预留和建设足够数量的应急避难场所。这不仅是应对地震、台风等重大自然灾害和突发公共卫生灾害的需要,也是建立健全城市综合防灾体系、提升城市综合防灾能力的重要内容之一。

应急避难场所的规划和建设,是"底线思维"的重要体现和现实应用。"底线思维"能力,就是客观的设定最低目标,立足最低点,争取最大期望值的能力。要善于运用底线思维的方法,凡事从坏处准备,努力争取最好结果,这样才能有备无患、遇事不慌,牢牢把握主动权。提高底线思维能力,就是要居安思危,增强忧患意识,宁可把形势想得复杂一点,把挑战看得更严重一些,做好应付最坏局面的准备。

底线思维是一种系统战略思维,它不仅指出什么是不可跨越的底线,按照现行的灾害应急规划可能出现哪些风险和挑战,可能发生的最坏情况是什么,以做到心中有数;而且它还能通过系统地思考和运作告诉人们如何防患未然,如何化风险为坦途、变挑战为机遇,如何守住底线、远离底线、坚定信心、掌握主动、追求系统的最佳结果和最大正能量。底线思维注重在危机来临前提前对危机、风险进行界定与防范,关注事物的矛盾双方在一定条件下的相互转换,对可能产生的负面后果采取有效防御体系,同时也不忘记对好的结果的积极追求。在处理事情、解决问题的时候,如果预先制定措施和方案,则会取得较好的结果。就算无法取得最好的结果,也可以坚守自己的底线而不被攻破。

底线思维中的底线是一条不能跨越的警戒线、高压线，是必须牢牢坚守的原则。在防灾救灾工作过程中可能遇到各种风险和挑战，作为决策和管理人员必须树立忧患意识，居安思危，未雨绸缪。要意识到灾害中哪些风险会威胁到坚守底线，哪些原因会导致越过底线，提前做好应对措施，防止灾害发生质变向不利的一面转化。运用底线思维，要求防灾救灾制定政策、开展工作，要从最坏的可能性设想、部署，预估可能发生的各类风险，进而把预案做得更充分、措施想得更周全、对策准备得更有效；对于结果的不确定性要做好充分准备，并提前预见一切坏的可能，做好最坏的打算，这样才能保持清醒的头脑，冷静沉稳对待，做到心中有数、处变不惊。城市应急避难场所的规划和建设就是城市综合防灾体系的重要组成部分，是灾害来临时最后的避风港，是保证人民生命财产安全最后的堡垒。它已成为减少城市各种重大灾害的损失，保障城市公共安全的一项重要措施。灾害的发生是不可避免的，但通过合理地规划和建设应急避难场所，我们可以减少灾害所带来的损失，守住最后的底线。

牢牢守住底线，树立忧患意识，依据底线积极预测可能遇到的风险，提前做好应对准备，防止越过底线事情发生质变，这是底线思维的核心。人作为社会的主体，生活在社会这个大环境中，社会就要为他们的生命和财产安全负责。灾害发生时，人性本能的反应使"避难"成为第一行为。此时，如果没有一批安全的城市避难场所，加之广大市民缺乏防灾避险的基本知识，将导致公众社会秩序的混乱和失控，造成非常严重的社会动荡和损失，甚至危及城市的公共安全。我国唐山大地震和汶川大地震的历史教训表明，避难场所规划建设的缺失造成避难秩序混乱、环境污染严重，导致城市生产、生活、交通较长时间处于无序状态，给抗震救灾带来了巨大困难。因此，对于社会和社会主体来说，保障公共环境的稳定和有序，保障人民群众的生命安全就是防灾救灾的底线。正确运用底线思维，化被动为主动，科学合理地规划建设城市应急避难场所，才能保障灾时人民的生命和财产安全，维护城市的正常秩序及各项功能的正常运转。只有群众生命安全得到保障，社会秩序良好才能提供进一步发展的空间。

"明者防祸于未萌，智者图患于将来。"由于灾害的不可预见性，防灾救灾中领导干部要强化底线思维，常观大势、思大局，科学预判灾害的形势走向及隐藏其中的风险隐患，做到居安思危、未雨绸缪；要以小见大、见微知著，像望远镜一样看得"远"，像广角镜一样看得"宽"，像显微镜一样看得"真"，力求防微杜渐，有备无患，用好底线思维。灾害来临前，要建设"预研—预测—预警—预案"的合理机制用以防范危机可能，坚持把握"早预见、先发现、有准备、能应对"的应对方式，考虑问题要从最坏角度考虑，做到多种应对，拿出面对所有可能问题的正确对策方案，要做到保底、守底、托底。而对于防灾救灾，做到保底守底托底就是要规划建设好应急避护场所，为广大群众提供最后的安全岛。

6.3　突发公共卫生事件的应对

　　城市应急避难场所是应对城市自然灾害和突发事件的重要场所，它的规划布局影响着城市及其居民的应急避难能力和规避风险水平。虽然国家、省市对应急避护场所的规划建设出台了相关标准，但是由于我国幅员辽阔，不同城市间自然条件、地理环境、经济社会发展水平、灾害因子等本底条件存在着差异，对城市安全的需求以及应急避护场所建设的要求也不尽相同，各城市间潜在的灾害条件也不尽相同。例如粤港澳大湾区地震相对较少，但人口稠密，流动性强，导致突发疾病疫情影响大，同时因为粤港澳大湾区濒临大海，暴雨、内涝及台风等自然灾害的发生频率较高。因此，粤港澳大湾区的应急避护场所的建设除了要符合国家与省、市的相关技术规定之外，更为重要的是要充分考虑城市自身特点，自然气候、地质条件、潜在灾害、城市用地布局、经济发展特点等因素，因地制宜地制定城市应急避护场所建设策略，使应急避护场所真正成为有效保障城市安全的基石。

　　近二十年来，我国突发多起公共卫生疾病疫情事件，先后经历了 SARS 病毒、H5N1 病毒、人感染猪链球菌病毒、H1N1 病毒、基孔肯雅热病毒、H7N9 病毒以及新型冠状病毒 Covid-19 等的传播。尤其 2020 年 1 月突发的新型冠状病毒引起的肺炎疫情甚是严重，疫情短时间内蔓延全球。根据 Worldometer 实时统计数据，截至北京时间 2021 年 7 月 6 日 6 时 30 分左右，全球累计确诊新冠肺炎病例 184900842 例，累计死亡病例 3999917 例。这种公共卫生疫情具有严重的危害性、突发性和社会性。①突发性:即没有征兆或只有短时间的征兆,需要应急部门及时采取措施,否则危害和损失会迅速扩大,通常情况下,突发公共卫生事件的发生时间都是不可预测的、未知的,人民并不知道会发生这样的事件,具有强烈的意外性;②危害性:任何一种类型的突发性公共卫生事件的发生都会对社会大众的生命健康产生严重的威胁,不同程度地影响组织和社会的正常运转,并对人们的生命财产和社会造成严重损害或不利影响;③社会性:突发公共卫生事件的发生大多会波及许多的社会大众,严重时会造成社会恐慌,并对人们的日常生活和工作造成影响。在处理突发事件的过程中,人口密集、交通便捷的城市及城市群管理人员应系统综合地进行处理。

长期以来,不少地方对突发疫情的严重性、危害性认识不足,重视不够,坚持预防为主的方针落实得并不好。例如这次新型冠状病毒疫情,由于开始阶段没有认识到其危害性和传播性,没有做到"早发现、早报告、早隔离、早治疗",导致疫情迅速传播,造成严重后果。新型冠状病毒肺炎危机引发的复杂的社会问题,暴露出我国社会组织及其运行机制上存在的种种弊端,值得我们从政府的公共管理责任、公共信息制度、危机反应机制及卫生管理体制等各个层面进行深刻的反思。例如在应急救治场所设施设备、医疗物资准备不充分的情况下,新型冠状病毒的传播性强,潜伏期长,又具有突发性,导致感染病人数量短期内迅速增长,而医疗救治场所和医疗物资、人员不能在短期内做到大量补充,致使大量患者没有空缺床位和安置场所,不能得到及时妥善的治疗,从而加剧他们身体状况的恶化,甚至失去生命。总结汲取新冠肺炎等突发公共卫生事件教训,国内多地在整体布局、用地指标、建设时序等方面,专门出台了相关的规划和措施,进一步强化医疗防疫、应急避难、环境卫生等基础设施的空间规划保障。

2020年2月9日,广东省自然资源厅发出通知,为有效做好当前疫情防控形势下的自然资源保护服务工作,在省政府宣布突发公共卫生事件一级应急响应期间,规定与疫情防控相关的医疗卫生设施和药品、医疗器械生产等急需使用土地的人员可优先使用土地。其中,对于永久性建设用地,可同时办理规划、土地使用等手续,相关手续可在疫情结束后6个月内完善。属于临时用地的,要督促有关单位在疫情结束后恢复原状。此外,应开通行政审批服务的"绿色通道",办理能源供应、交通物流、医疗资源、生态环境等与疫情防控相关的项目手续,确保在最短时间内完成。

2020年2月10日,宁波市自然资源和规划局印发《新冠肺炎疫情防控期间自然资源和规划保障服务十条措施》,指出在浙江省人民政府发布疫情突发公共卫生事件一级应急响应后,对与疫情防控相关需要紧急使用土地、林地的,可以先行使用;对疫情防控急需的医疗卫生设施项目,在不占用永久基本农田和生态保护红线,不占用土地利用总体规划和城市(镇)总体规划禁止建设区的前提下,可视作对选址有特殊要求的建设项目,按符合规划先行办理相关手续。针对疫情防控相关的项目,在办理用地预审和规划选址、用地报批、林地许可等手续时,开通行政审批服务"绿色通道",实施容缺机制,提高审查效率,确保各项审批手续在最短时间内办结。

2020年2月11日,杭州市规划和自然资源局印发《关于做好疫情防控保障服务企业稳定发展的通知》,指出对疫情防控急需的医疗卫生和民生设施项目占用耕地,符合土地利用总体规划的,由市级统筹协调解决耕地占补平衡指标。紧急医疗防控用地无法避让需临时占用永久基本农田的,按照临时占用的相关规定先行办理。优先做好疫情防疫和重大基础设施、重大民生工程、重大产业项目等用地计划指标保障。在浙江省人民政府启动重大公共突发卫生事件一级响应后,与疫情防控工作相关需要紧急使用土地的,可以先行用地,并在疫情结束后6个月内完善相关手续。

同时,四川省自然资源厅要求,要汲取非典、新冠肺炎疫情等突发公共卫生事件教训,在整体布局、用地指标、建设时序等方面,充分满足未来医疗防疫、环境卫生等基础设施对国土空间规划的需要,科学布置"留白"空间,预留应急避难场所和防疫应急设施空间,补齐工作短板。探索在区域中心城市设立大区级的综合性重大突发公共卫生事件应急响应中心,为努力提升四川省应对突发公共卫生事件与应急管理能力提供有效的国土空间保障。

对于疾病疫情防控,城市应急医疗、避护隔离等场所的土地利用规划,不但要有类似上述的法律法规的支持,同时还要有具体的对应措施和细则。在这方面,北京应对非典、武汉应对新冠肺炎疫情等突发公共卫生事件的应急对策也给我们带来了一些经验和启发。第一，任何灾害都是小概率事件，而为小概率事件做100%的准备既不经济也不可持续。这就要求规划用来应急的城市"储备"设施在平时也要能够低成本维持，也就是所谓的"平战结合"。新冠肺炎疫情发生后，中国城市规划学会在第一时间给有关部门提出的建议是："社区医院或医疗点是应对突发事件的'储备'，平时可像普通医院那样接诊，一旦出现突发事件，可以迅速改造为大医院的特殊门诊，承接瞬时暴增的首诊。防线迅速推前，就可以避免将大医院门诊候诊变为病毒二次传播的场所，为医疗系统向应急状态转换赢得时间。"第二，应在平时就要求核心医院周边的酒店、学校、政府机关等设施，在设计时就应具有在第一时间改装并征用为传染病隔离病房的能力，在定点医院附近新建临时防疫医院，防疫企业可临时利用基本农田进行临时生产，通过短时间内"向前"和"向后"加大防御纵深，可以确保瞬时暴增的需求下，防疫大堤不会溃决。第三，应急预备空间要有完整的配套，能在最快的事件内"冷启动"。快速建立火神山、雷神山医院，快速改造"方舱医院"，同时，这类医院的选址和建设需有多种考虑，包括且不限于位于水源下游，远离人口密集地区，以便于隔离防护。

参考文献

[1] 广东省应急避护场所建设规划纲要(2013—2020年)[J].广东省人民政府公报,2013.

[2] 广州市人民政府办公厅.广州市应急避护场所建设规划(2014—2020年)[R].广州,2014.12.

[3] 广州市住房和城乡建设委员会.广州市应急避护场所建设指引研究[R].广州,2016.

[4] 广州市应急管理办公室,等.广州市应急避护场所管理手册[R].广州,2017.

[5] 中共中央,国务院.粤港澳大湾区发展规划纲要[M].北京:人民出版社,2019.

[6] 中国(深圳)综合开发研究院."双转型"与粤港澳大湾区(二):以"双转型"引领粤港澳大湾区发展[R].深圳,2017.

[7] 刘少丽.城市应急避难场所区位选择与空间布局[D].南京:南京师范大学,2012.

[8] 窦凯丽.城市防灾应急避难场所规划支持方法研究[D].武汉:武汉大学,2014.

[9] 中共中央宣传部.习近平总书记系列重要讲话读本[M].北京:人民出版社,2016.

[10] 张国祚.谈谈"底线思维"[J].求是,2013(19):2.

[11] 周倩.地方政府突发性公共事件应急管理模式研究[D].北京:首都经济贸易大学,2009.

[12] 张观连,黄桂玲,刘清香,等.突发公共卫生事件应急机制研究[J].中国卫生产业,2018,15(25):2.

[13] 吴超,王其东,李珊.基于可达性分析的应急避难场所空间布局研究——以广州市为例[J].城市规划,2018,42(04):107-112+124.